高等职业教育电子信息课程群系列教材

Java Web 开发技术任务驱动式教程

主　编　金静梅
副主编　张心越　庚　佳　周　浩　林晨光

中国水利水电出版社
www.waterpub.com.cn
·北京·

内 容 提 要

本书根据程序设计类课程特点，结合学生"由浅入深，由简单到复杂，由操作到理论"的认知规律和"重操作，适度理论"的学习习惯，采用"项目贯穿、任务驱动、阶段模块化"的教材开发理念，选取学生熟悉的、典型的企业化项目（网络留言管理系统、新闻资讯系统、网络收藏夹等）作为教学和实训的载体，体现了"教、学、做"合一的编写思路。全书分为 Java Web 基础、Java Web 进阶和 Java Web 项目实战三个层次递进的学习阶段，详细介绍了使用 Java Web 技术进行应用开发的基础知识和编程技能，主要内容包括 Java Web 编程准备、Java Web 编程入门、Java Web 数据库编程、Java Web 应用优化、Java Web 开发业务应用、Servlet 技术基础、MVC 开发模式等。

本书层次分明，图文并茂，案例趣味性强，并配有丰富的实训和习题，可作为高职院校和社会编程培训机构的教材，也可供 Java Web 程序员和编程爱好者学习参考。

本书配有电子教案、源代码、习题答案等资源，读者可以从中国水利水电出版社网站（www.waterpub.com.cn）或万水书苑网站（www.wsbookshow.com）免费下载。

图书在版编目（CIP）数据

Java Web开发技术任务驱动式教程 / 金静梅主编. -- 北京：中国水利水电出版社，2020.12
高等职业教育电子信息课程群系列教材
ISBN 978-7-5170-9254-4

Ⅰ. ①J… Ⅱ. ①金… Ⅲ. ①JAVA语言－程序设计－高等职业教育－教材 Ⅳ. ①TP312.8

中国版本图书馆CIP数据核字(2020)第261410号

策划编辑：石永峰　责任编辑：王玉梅　加工编辑：庄连英　封面设计：梁 燕

	高等职业教育电子信息课程群系列教材
书　　名	Java Web 开发技术任务驱动式教程 Java Web KAIFA JISHU RENWU QUDONGSHI JIAOCHENG
作　　者	主　编　金静梅 副主编　张心越　庚　佳　周　浩　林晨光
出版发行	中国水利水电出版社 （北京市海淀区玉渊潭南路 1 号 D 座　100038） 网址：www.waterpub.com.cn E-mail：mchannel@263.net（万水） 　　　　sales@waterpub.com.cn 电话：（010）68367658（营销中心）、82562819（万水）
经　　售	全国各地新华书店和相关出版物销售网点
排　　版	北京万水电子信息有限公司
印　　刷	三河市航远印刷有限公司
规　　格	210mm×285mm　16 开本　15 印张　371 千字
版　　次	2020 年 12 月第 1 版　2020 年 12 月第 1 次印刷
印　　数	0001—3000 册
定　　价	45.00 元

凡购买我社图书，如有缺页、倒页、脱页的，本社营销中心负责调换

版权所有·侵权必究

前　言

本书是江苏高校哲学社会科学研究项目（编号"2019SJA1377"）、江苏省高水平骨干专业建设项目（文号"苏教高〔2017〕17号"，编号"141"）的成果之一，是一本校企合作教材，同时也是一本"Java Web 轻松入门"的书。本书面向初中级用户，按照项目、阶段、模块、工作任务、同步实训的顺序由浅入深地阐述如何运用 Java Web 技术开发应用系统。本书构思科学合理，语言表述清晰，既可作为高职高专院校计算机类专业的教材，也可作为培训机构相关专业的培训教材。

本书特色

本书层次分明，图文并茂，案例趣味性强，并配有丰富的实训和习题，侧重基础知识与基本技能，是一本"教学做一体化"的任务驱动式高职教材，具有以下 3 个特色：

（1）"项目贯穿、任务驱动、阶段模块化"的教材开发理念。

本书根据程序设计类课程特点，结合学生"由浅入深，由简单到复杂，由操作到理论"的认知规律和"重操作，适度理论"的学习习惯，采用"项目贯穿、任务驱动、阶段模块化"的教材开发理念，选取学生熟悉的、典型的企业化项目（网络留言管理系统、新闻资讯系统、网络收藏夹等）作为教学和实训的载体，体现了"教、学、做"合一的编写思路；依据学生的学习规律，按照软件开发的实际过程，将教学内容设计为 Java Web 基础、Java Web 进阶和 Java Web 项目实战三个层次递进的学习阶段，每个阶段划分为若干技能训练模块，将项目依据功能设计成学生感兴趣的工作任务，每个训练模块中包含多个融合知识点的工作任务，关键知识与能力在工作任务中互有重叠、不断递进与加强。"项目贯穿、任务驱动、阶段模块化"的教材开发理念可以激发学习兴趣，强化技能训练，做到边学边练、循序渐进，促进学生操作技能的形成。

（2）紧扣教学规律，合理设计图书内容结构。

本书编写团队由长期从事 Java Web 教学工作的一线教师和企业工程师构成，一线教师具有丰富的教学经验，企业工程师具有丰富的软件开发经验并精通 Java Web 实用技术。团队紧扣教师的教学规律和学生的学习规律，全力打造难易适中、结构合理、实用性强的教材。本书以工作任务作为基本教学单元，每个任务采取"问题引入－提出任务－实现思路－知识链接－任务实现－同步实训任务单－小结与思考"的内容结构。在每个模块进行之前给出模块主要内容简介和学习导航，让读者了解本模块所要学习的知识技能点。每个模块都设计了习题，既可以让教师合理安排教学内容，又可以让学习者加强实践，快速掌握模块知识。

（3）丰富的立体化教学资源。

为了帮助读者构建高效的学习环境，编者建设了配套的课程教学资源库，包含电子教案、微课、代码库、图片库、习题集、实训题库、试卷等。教学资源库以课程网站的形式展现，供学习者免费下载，以满足现代学习者个性化、自主性和实践性的要求，是学习者进行自主学习的平台。

本书结构

本书打破了传统的学科体系，选取典型的、学生熟悉的 Web 应用系统作为项目载体，将教学内容设计为 Java Web 基础、Java Web 进阶和 Java Web 项目实战三个层次递进的学习阶段，每个阶段划分为若干技能训练模块，各模块以软件开发过程为主线组织教学任务，将 Java Web 开发实用技术、网页制作技术和数据库技术融合在工作任务中。

模块一　Java Web 编程准备：了解系统需求及设计，搭建开发环境，部署并运行第一个 JSP 文件。

模块二　Java Web 编程入门：进一步学习 Java Web 程序开发的重点——JSP 内置对象。

模块三　Java Web 数据库编程：学习使用 MySQL 进行数据管理的方法，使用 SQL 操作数据，使用 JDBC 技术处理数据。

模块四　Java Web 基础阶段实训：通过综合的 Web 应用系统对模块一至模块三涉及的技能进行综合实训。

模块五　Java Web 应用优化：了解软件设计分层模式，使用三层架构实现 Web 应用系统，从而实现应用优化。

模块六　Java Web 开发业务应用：介绍数据分页显示、文件上传下载和 Flash 数据统计图表显示三项主流实用的 Web 业务应用。

模块七　Servlet 技术基础：了解 Servlet 的编程模式，掌握编写 Servlet 和使用 Filter 的方法。

模块八　MVC 开发模式：了解 MVC 模式，能使用 MVC 模式解决实际问题。

模块九　Java Web 进阶阶段实训：通过综合的 Web 应用系统对模块五至模块八涉及的技能进行综合实训。

模块十　学生会网站项目开发：以软件开发过程为例介绍学生会网站项目开发的完整过程。

致谢

本书由金静梅任主编，张心越、庾佳、周浩、林晨光任副主编。全书由金静梅统稿，李彬老师认真审读并提出修改意见，俞国红、吴伶琳、郑广成、庾佳、沈蕴梅、刘亲王、石青华为本书资源建设做了很多有益的工作，在此一并表示感谢。

在本书编写过程中，编者还得到了苏州健雄职业技术学院、兰州职业技术学院、长春信息职业技术学院、江苏国泰新点软件有限公司、苏州麦卡软件有限公司、苏州中格软件有限公司的大力支持和帮助，在此表示衷心感谢。

由于时间仓促，加之编者水平有限，书中难免有疏漏甚至错误之处，恳请读者批评指正，编者邮箱：jinjm@csit.edu.cn。

编　者
2020 年 9 月

前言

第一阶段　Java Web 基础

模块一　Java Web 编程准备 2
1.1　任务一　进行系统需求分析与总体设计 2
1.1.1　网络留言管理系统需求 3
1.1.2　网络留言管理系统总体设计 4
1.2　任务二　搭建开发环境 7
1.2.1　安装 JDK 开发工具包 8
1.2.2　安装 Web 服务器 Tomcat 10
1.2.3　安装并配置 Eclipse 11
1.2.4　安装并配置 MySQL 数据库 13
1.3　任务三　制作静态页面 17
1.4　任务四　部署并运行第一个 JSP 文件 25
1.4.1　创建一个 Dynamic Web 项目 26
1.4.2　设计 Web 项目的目录结构 27
1.4.3　编写第一个 JSP 文件 28
1.4.4　部署并运行 JSP 文件 30
1.4.5　常见错误 31
模块一小结 33
习题一 34

模块二　Java Web 编程入门 35
2.1　任务一　认识 JSP 页面组成元素 35
2.1.1　JSP 指令 39
2.1.2　注释 40
2.1.3　小脚本 40
2.1.4　声明 40
2.1.5　表达式 41
2.1.6　静态内容 41
2.2　任务二　认识 JSP 的内置对象 41
2.3　任务三　使用 out 对象输出信息 43
2.4　任务四　获取客户端请求数据 45
2.4.1　获取客户端表单数据 47
2.4.2　获取超链接传递的请求参数 49
2.5　任务五　实现页面跳转 51
2.6　任务六　实现访问控制 55

2.7　任务七　制作网页计数器 59
模块二小结 60
习题二 61

模块三　Java Web 数据库编程 65
3.1　任务一　使用 MySQL 65
3.1.1　创建数据库 67
3.1.2　创建、删除和修改表 69
3.1.3　操作表数据 71
3.1.4　导出和导入数据库 72
3.2　任务二　使用 SQL 操作数据 74
3.3　任务三　认识连接数据库的步骤 82
3.3.1　加载 JDBC 驱动程序 84
3.3.2　创建数据库的连接 85
3.3.3　创建 Statement 实例 85
3.3.4　执行 SQL 语句 85
3.3.5　处理结果 86
3.3.6　释放资源 86
3.4　任务四　使用 Statement 处理数据 88
3.4.1　添加数据 89
3.4.2　删除数据 91
3.4.3　修改数据 94
3.4.4　查询数据 97
3.5　任务五　使用 PreparedStatement 处理数据 99
3.5.1　更新数据 100
3.5.2　查询数据 101
模块三小结 104
习题三 105

模块四　Java Web 基础阶段实训 108

第二阶段　Java Web 进阶 110

模块五　Java Web 应用优化 111
5.1　任务一　认识软件设计分层架构 111
5.2　任务二　使用分层架构实现管理员登录 114

5.2.1　创建 VO 类 115
　　5.2.2　定义 DAO 接口 116
　　5.2.3　定义 DAO 真实主题实现类 116
　　5.2.4　定义业务逻辑控制接口 118
　　5.2.5　定义业务逻辑实现类 118
　　5.2.6　编写 JSP 页面文件 118
模块五小结 119
习题五 120

模块六　Java Web 开发业务应用 122
6.1　任务一　实现页面的分页显示 122
　　6.1.1　计算显示的页数 123
　　6.1.2　获取当前页的数据 124
　　6.1.3　在 Web 页面中分页设置 124
6.2　任务二　使用 SmartUpload 组件实现文件
　　　　　　上传下载 127
　　6.2.1　应用 SmartUpload 组件上传文件 129
　　6.2.2　应用 SmartUpload 组件下载文件 130
6.3　任务三　使用图表组件显示动态数据图表 133
模块六小结 141
习题六 142

模块七　Servlet 技术基础 144
7.1　任务一　认识 Servlet 144
7.2　任务二　创建并运行一个简单的 Servlet 148
7.3　任务三　使用 Filter 解决中文乱码问题 154
　　7.3.1　创建 Filter 155
　　7.3.2　配置 Filter 157
　　7.3.3　完善 doFilter() 方法 157
　　7.3.4　运行演示 158
模块七小结 160
习题七 161

模块八　MVC 开发模式 162
8.1　任务一　认识 MVC 模式 162
8.2　任务二　使用 MVC 模式实现用户登录 165
　　8.2.1　实现模型 166
　　8.2.2　实现控制器 168

　　8.2.3　实现视图 169
模块八小结 170
习题八 171

模块九　Java Web 进阶阶段实训 172

第三阶段　Java Web 项目实战

模块十　学生会网站项目开发 176
10.1　需求分析 176
　　10.1.1　项目概述 176
　　10.1.2　系统用例 176
10.2　系统设计 177
　　10.2.1　总体框架设计 177
　　10.2.2　模块设计 178
　　10.2.3　数据库设计 178
　　10.2.4　类的设计 180
10.3　网站管理功能实现 182
　　10.3.1　网站管理功能概述 182
　　10.3.2　用户管理模块实现 182
　　10.3.3　实训　使用 MVC 模式实现勤工
　　　　　　俭学管理 200
　　10.3.4　新闻管理模块实现 202
　　10.3.5　实训　使用 MVC 模式实现特色
　　　　　　活动管理 214
　　10.3.6　文件管理模块实现 216
　　10.3.7　实训　使用 MVC 模式实现荣誉管理 223
10.4　网站前台信息展示实现 224
　　10.4.1　网站首页实现 225
　　10.4.2　分支页实现 227
　　10.4.3　详细页实现 229
10.5　代码测试与发布 231
　　10.5.1　测试用例 231
　　10.5.2　代码发布 231
习题十 232

参考文献 234

第一阶段　Java Web 基础

这是 Java Web 开发的基础阶段，此阶段贯穿项目"网络留言管理系统"，主要由 Java Web 编程准备、Java Web 编程入门、Java Web 数据库编程、Java Web 基础阶段实训模块构成。在此阶段中，将依据软件开发过程进行网络留言管理系统的开发，将学习到搭建开发环境、在 Eclipse 环境中部署运行 Web 系统、JSP 内置对象、Java Web 数据库连接等实用技术。本阶段采用项目贯穿、模块化、任务驱动的方式组织学习内容。

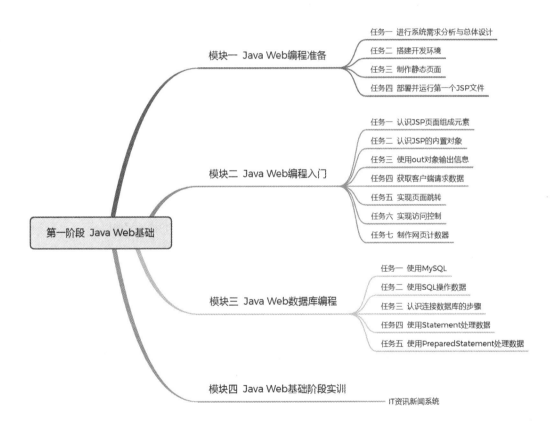

模块一　Java Web 编程准备

> **模块简介**

Java Web 编程技术是综合使用 JSP 和前端技术来开发包含动态内容的 Web 页面的技术，是一种纯 Java 平台技术，主要用来产生动态网页内容。Java Web 开发技术能够让网页开发人员轻松地编写功能强大、富有弹性动态内容的 Web 系统，如网络留言管理系统等。那么如何使用 Java Web 编程技术编写动态 Web 系统呢？通过本模块的学习，您能够了解系统需求及设计，搭建开发环境，部署并运行第一个 JSP 文件。

> **学习导航**

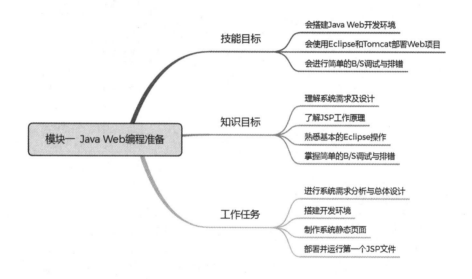

1.1　任务一　进行系统需求分析与总体设计

> **问题引入**

为了方便网站与访问者之间的联系和沟通，现在大多数网站都带有留言管理系统，它已成为网站必不可少的部分，那么这些留言管理系统有哪些功能呢？

> **实现思路**

在开发留言管理系统之前，需要分析出系统需求，明确典型网络留言管理系统的基本构成并进行总体设计。

知识链接

一个软件项目开发周期通常可以分为需求分析、系统设计、代码编写、软件测试和安装部署 5 个阶段。

其中需求分析主要是在确定软件开发可行的情况下，对软件需要实现的每个功能进行详细分析。需求分析阶段是非常重要的阶段，良好的需求分析将为整个软件开发项目的成功奠定基础。

系统设计阶段将根据需求分析的结果来设计整个软件系统，需要设计数据库的 E-R 模型图并将其转换为表，进行逻辑设计。

代码编写阶段是将软件设计的结果转换成计算机可运行的程序代码。在程序编码中，有必要制定统一的、符合标准的书写规范。

软件代码编写完成后，必须进行严格的测试，以找出软件设计及编码过程中的问题并加以纠正。整个测试过程分为 3 个阶段：单元测试、组装测试和系统测试。在测试过程中，需要建立详细的测试计划，并严格按照测试计划进行测试，以减少测试的随机性。

当程序最终确定并且没有关键问题时，工程师需要将软件安装部署到客户的计算机上，并对客户进行培训。此外，这个阶段还包括所选组件的更新，以确保软件是最新版本，并且不会受到安全漏洞的影响。

软件开发生命周期

任务实现

1.1.1 网络留言管理系统需求

QQ 空间的留言板和 Chinaren 的班级留言板都是典型的网络留言管理系统，这两个著名网站的留言板界面如图 1-1 和图 1-2 所示，它们拥有共同的选项：留言者昵称、留言发布时间、留言内容等。完整的留言系统至少需要面对两类用户：普通用户和管理员。在留言管理系统中，对普通用户提供的服务有发表留言和查看留言等功能，对管理员提供的服务有留言的管理等功能。

图 1-1　QQ 空间的留言板主页

图 1-2　Chinaren 班级留言主页面

留言管理系统可分为前台留言模块和管理留言模块。

1. 前台留言模块

前台留言模块主要针对普通用户，功能包括发表留言和查看留言。

- 发表留言：普通用户可以在留言管理系统中随意留言。
- 查看留言：可以浏览留言信息。

2. 管理留言模块

管理留言模块提供的功能包括删除留言、登录系统、注销、重设密码。

- 登录系统：输入管理员账号与口令，系统将验证账号和口令是否正确，如果验证成功，则进入管理员界面，否则系统提示"账号或密码错误"的信息。
- 重设密码：当密码忘记时，可以重新设置密码。
- 注销：退出系统。
- 管理留言：可以查看所有的留言，可以删除留言。

根据以上描述，系统的主要角色包括普通用户和管理员，各角色拥有的功能可通过用例图展示，如图 1-3 所示。

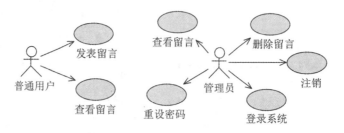

图 1-3　留言管理系统用例图

1.1.2　网络留言管理系统总体设计

1. 系统功能模块设计

（1）发表留言模块设计。

模块功能：普通用户输入用户名和留言内容，提交留言，若留言成功即可在页面中显示留言信息；若留言失败，在页面中给出错误信息。

（2）查看留言模块设计。

模块功能：分页显示所有用户的留言信息，包括留言内容、发表时间、发表者等。

（3）管理员登录模块设计。

模块功能：

1）获取登录页面填写的用户名和密码。

2）按此用户名查询数据库，如果找到，则读取该用户的密码，否则提示错误；再比较用户输入的密码是否与数据库存储的密码相同，如果相同，则进入管理员留言管理页面，否则报错。

（4）重设密码模块设计。

模块功能：

1）管理员输入用户名。

2）在校验该用户是合法用户后，允许管理员重新设置密码，否则转向输入用户名页面。

3）新密码设置成功后，管理员可以使用用户名和新密码进行登录，否则转向错误页面。

（5）删除留言模块设计。

模块功能：通过点击每条留言信息中的"删除"超级链接即可实现从数据库中删除本条留言，删除成功，返回留言显示页面，否则转向错误页面。

（6）注销登录模块设计。

模块功能：实现清空用户登录信息并退出系统的功能。

2. 数据库设计

在企业信息化系统中，数据库具有十分重要的地位，它是系统正常运行的重要基础，因此数据库设计是应用程序设计中最为关键的一项任务。一个良好的数据库设计具有以下特点：

- 节省数据的存储空间。
- 保证数据库的完整性。
- 方便进行数据库应用系统的开发。

数据库设计的主要目的是将现实世界中的事物及联系用数据模型（Data Model，DM）描述，即信息数据化。数据模型就是现实世界的模拟，通常数据模型分为两大类：一类是按用户的观点来对数据和信息建模，称为概念模型或信息模型，通常是设计数据库的实体－关系（E-R）模型图；另一类是按计算机系统的观点对数据建模，称为物理模型。数据建模的主要目的是将用户的需求从现实世界转换到数据库世界，具体如图 1-4 所示。

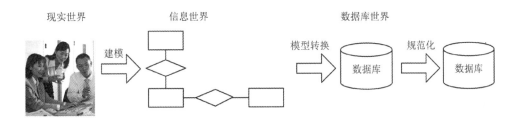

图 1-4　数据建模的目的

（1）E-R 图设计。E-R 模型图是由 Peter Chen 在 1976 年引入的，它使用实体（Entity）和关系（Relation）来模拟现实世界。客观存在并可以区分的事物称为实体（Entity），实体所具有的某一特性称为属性（Attribute），实体集合间存在的相互联系称为关系（Relation）。

留言管理系统包括管理员实体（AdminUser）和留言实体（Message）。系统的 E-R 图如图 1-5 所示。管理员类与留言类是一对多的关系。

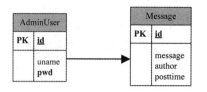

图 1-5　系统的 E-R 图

（2）数据库物理模型设计。虽然 E-R 图有助于人们理解数据库中的实体和关系，但在具体完成软件系统开发时还需要将信息世界的 E-R 图转换为计算机中的数据集合，目前使用最多的是关系数据库模型。可以将 E-R 设计转换为关系设计，即将 E-R 模型图转化为表。

表 adminuser 用来保存管理员信息，结构如表 1-1 所示。

表 1-1　adminuser 表

字段名称	数据类型	字段长度	说明
id	int	10	自动编号
uname	varchar	20	用户名
pwd	varchar	20	密码

表 message 用来保存留言信息，结构如表 1-2 所示。

表 1-2　message 表

字段名称	数据类型	字段长度	说明
id	int	50	自动编号
message	varchar	300	留言内容
author	varchar	20	留言者
posttime	varchar	20	留言发表时间

同步实训任务单

实训任务单

任务名称	为新闻发布系统进行需求分析与总体设计		
训练要点	掌握进行需求分析与总体设计的方法		
需求说明	某公司需要开发一个新闻发布系统，但需求比较模糊，请你为该公司明确新闻发布系统需求并进行总体设计		
完成人		完成时间	
实训步骤			

任务小结

需求分析是软件计划阶段的重要活动，也是软件项目开发周期中的一个重要环节，该阶段是分析系统的具体功能。总体设计主要包含功能模块设计和数据库设计。

1.2 任务二 搭建开发环境

问题引入

现在开始网络留言管理系统的开发与实现。俗话说"工欲善其事，必先利其器"，同样在进行开发之前需要进行开发准备，如何进行开发准备呢？

实现思路

为了顺利开发 Java Web 应用系统，需要搭建开发环境，具体步骤如下：
（1）安装 JDK 开发工具包。
（2）安装 Web 服务器 Tomcat。
（3）安装并配置 Eclipse。
（4）安装并配置 MySQL 数据库。

知识链接

1. JDK

JDK 是 SUN Microsystems 针对 Java 开发人员提供的软件开发工具包，其中包含 Java 语言编译工具和运行工具以及执行程序的环境（即 JRE）。JDK 是一个免费、开源的工具，是其他 Java 开发工具的基础。

2. JSP

JSP 是运行在 Web 服务器上的 Java 程序，并以网页的形式展现最终的结果，所以是 Java Web 开发技术。同其他技术相比它有很多优点：

- 一次编写，到处运行。除了系统之外，代码不用做任何更改。
- 系统的多平台支持。基本上可以在所有平台上的任意环境中开发，在任意环境中进行系统部署，在任意环境中扩展。相比，ASP.NET 的局限性是显而易见的。
- 强大的可伸缩性。从只有一个小的 Jar 文件就可以运行 Servlet/JSP，到由多台服务器进行集群和负载均衡，再到多台 Application 进行事务处理和消息处理，从一台服务器到无数台服务器，Java 显示了巨大的生命力。
- 多样化和功能强大的开发工具支持。Java 已经有了多种非常优秀的开发工具，而且很多可以免费得到，大多可以顺利地运行于多种平台之下。
- 支持服务器端组件。Web 应用需要强大的服务器端组件来支持，开发人员需要利用其他工具设计实现复杂功能的组件供 Web 页面调用，以增强系统性能。JSP 可以使用成熟的 JavaBeans 组件来实现复杂业务功能。

3. Tomcat

Tomcat 是 Apache 组织的产品，是一个免费的开源的 Web 服务器。Tomcat 服务器是当今使用最广泛的 Servlet/JSP 服务器，运行稳定、性能可靠，是学习 JSP 技术和实现中小型企业应用的最佳选择。

4. Eclipse

Eclipse 是一个开放源代码的、基于 Java 的可扩展开发平台。利用它可以在数据库和 JavaEE 的开发、发布以及应用程序服务器的整合方面极大地提高工作效率。

5. MySQL

MySQL 最初是由瑞典 MySQL AB 公司开发的一个小型关系数据库管理系统，目前已发展为世界上最流行的开源关系型数据库。由于其性能好、可靠性和易用性高，目前已被广泛应用于 Internet 上的中小型网站中。

6. Navicat for MySQL

Navicat for MySQL 是管理和开发 MySQL 的理想解决方案。它是一套单一的应用程序，能连接 MySQL 数据库，并与 Amazon RDS、Amazon Aurora、Oracle Cloud、Microsoft Azure、阿里云、腾讯云和华为云等云数据库兼容。这套全面的前端工具为数据库管理、开发和维护提供了一款直观而强大的图形界面。

任务实现

1.2.1 安装 JDK 开发工具包

安装 JDK 并配置环境变量

1. 获取 JDK 开发工具包

下载地址为 http://www.oracle.com/technetwork/java/javase/downloads/index.html，选择 Java Platform（JDK），如图 1-6 所示。本书所用版本为 Java SE 12.0.2。在下载过程中需要选择对应的操作系统及使用的语言。下载完毕后会发现一个名称为 jdk-12.0.2_windows-x64_bin.exe 的可执行文件。

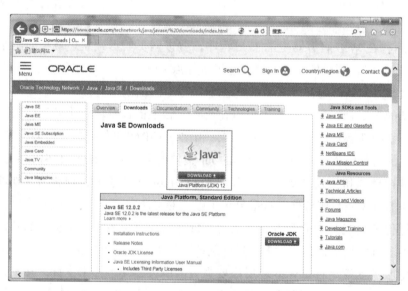

图 1-6　Java SE 12 下载界面

2. 安装 JDK 开发工具包

安装 JDK 很简单，只需按照安装向导一步一步操作即可，JDK 安装路径一般取默认路径（C:\Program Files\Java\jdk-12.0.2\），安装完 JDK 后会自动安装 JRE（Java Runtime

Environment),也取默认安装路径。

3. 配置 JDK

安装完 JDK 后，需要配置环境变量，右击"我的电脑"并选择"属性"选项，在弹出的对话框中单击"高级"选项卡，再单击"环境变量"按钮，如图 1-7 所示。在弹出的"环境变量"对话框中设置环境变量 path 和 classpath，如果变量已经存在则单击"编辑"按钮，否则单击"新建"按钮，如图 1-8 所示。

图 1-7　"系统属性"对话框

图 1-8　"环境变量"对话框

path 的值为 C:\Program Files\Java\jdk-12.0.2\bin（即 JDK 安装目录下的 bin 文件夹，并同 path 原有值之间以"；"隔开）。

classpath 的值为 .; C:\Program Files\Java\jdk-12.0.2\lib（即 JDK 安装目录下的 lib 文件夹，前面使用".;"，其中"."代表当前路径）。

4. 测试

JDK 安装和配置完成后，可以测试一下 Java 编译器是否能够在机器上运行。进入 DOS 界面，输入 javac，按 Enter 键后系统会输出 javac 命令的帮助信息，如图 1-9 所示，这说明已经成功配置了 JDK，否则需要检查上面步骤中的配置是否正确。

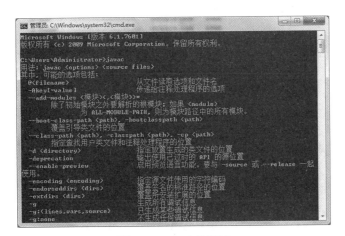

图 1-9　JDK 安装测试

5. 了解 JDK 安装目录结构

JDK 是整个 Java 的核心，包括了 Java 运行环境（JRE），其安装目录如图 1-10 所示，安装目录说明如表 1-3 所示。

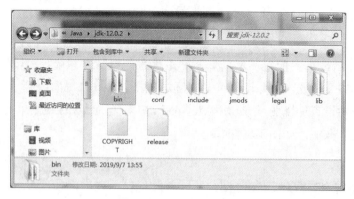

图 1-10　JDK 安装目录

表 1-3　JDK 安装目录说明

目录	说明
bin	提供 JDK 工具程序，包括 javac、java、javadoc、appletviewer 等可执行程序
conf	包含用户可配置选项的文件，可以编辑该目录中的文件以更改 JDK 的访问权限，配置安全算法，并设置 Java 加密扩展策略文件，这些文件可以用来限制 JDK 的加密强度
jmods	存放编译的 Java 模块
lib	存放 Java 的类库文件，即工具程序实际上使用的是 Java 类库，JDK 中的工具程序大多也是由 Java 编写而成
include	存放用于本地方法的文件
legal	每个模块的许可证和版权文件

1.2.2　安装 Web 服务器 Tomcat

安装 Tomcat

进入 http://tomcat.apache.org/ 下载 Tomcat 9.0，选择 32-bit/64-bit Windows Service Installer，下载完毕后双击文件，根据向导进行安装。检验是否安装成功，启动 Tomcat 服务，打开 IE 浏览器，在地址栏中输入 http://localhost:8080/，会弹出一个如图 1-11 所示的窗口，这时就表明服务器已经正确安装了。

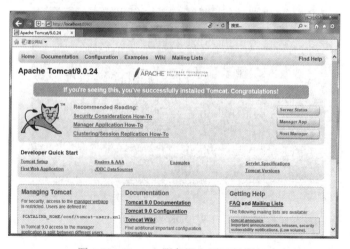

图 1-11　Tomcat 服务器主页运行窗口

Tomcat 安装成功后的目录层次结构如图 1-12 所示，其用途如表 1-4 所示。

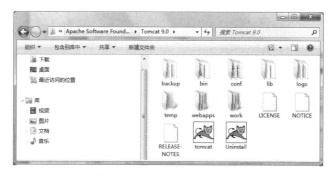

图 1-12　Tomcat 目录层次结构

表 1-4　Tomcat 的目录结构及其用途

目录	用途
bin	存放启动和关闭 Tomcat 的脚本文件
lib	存放 Tomcat 服务器及所有 Web 应用程序都可以访问的 JAR 文件
conf	存放 Tomcat 服务器的各种配置文件，包括 server.xml（Tomcat 的主要配置文件）、tomcat-users.xml 和 web.xml 等
logs	存放 Tomcat 的日志文件
webapps	存放要发布的 Web 应用程序的目录及其文件
temp	存放 Tomcat 运行时产生的临时文件
work	Tomcat 将 JSP 生成的 Servlet 源文件和字节码文件放到此目录下

1.2.3　安装并配置 Eclipse

进入 https://www.eclipse.org/downloads/packages/ 下载 Eclipse IDE for Enterprise Java Developers 版本，如图 1-13 所示。在安装 Eclipse 前请确认是否已经安装了 JDK。直接解压下载的文件 eclipse-jee-2019-06-R-win32-x86_64.zip。

安装并配置 Eclipse

图 1-13　Eclipse IDE for Enterprise Java Developers 下载界面

1. 在 Eclipse IDE for Enterprise Java Developers 中配置 JRE

打开 Eclipse IDE for Enterprise Java Developers，选择 Window → Preferences 命令，在 Java → Installed JREs 中添加 JDK 的安装目录，如图 1-14 和图 1-15 所示。

2. 在 Eclipse 中加载 Tomcat

在 Preferences 对话框中选择 Server → Runtime Environment，单击 Add 按钮，按提示进行配置，如图 1-16 至图 1-19 所示。

图 1-14　在 Eclipse 中配置 JRE

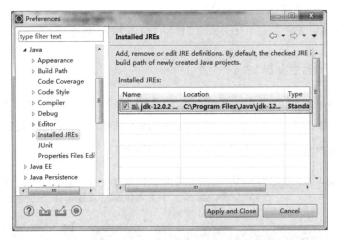

图 1-15　在 Eclipse 中成功配置 JRE

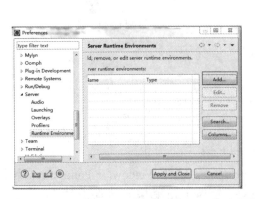

图 1-16　在 Eclipse 中配置 Tomcat 9.0（1）

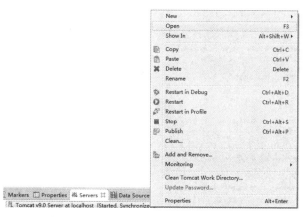

图 1-17　在 Eclipse 中配置 Tomcat 9.0（2）

图 1-18　在 Eclipse 中配置 Tomcat 9.0（3）

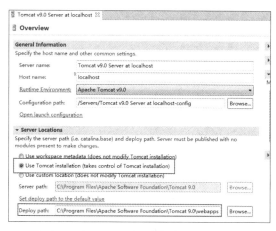

图 1-19　在 Eclipse 中配置 Tomcat 9.0（4）

1.2.4　安装并配置 MySQL 数据库

本书所有包含数据库的示例均采用 MySQL。

1. 下载 MySQL

下载地址为 https://dev.mysql.com/downloads/windows/installer/5.7.html。将进入 MySQL

安装并配置
MySQL 数据库

5.7 的下载页面，选择离线安装包，如图 1-20 所示。

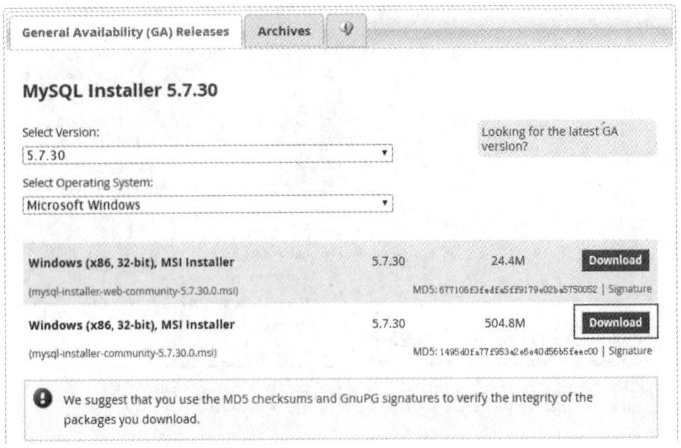

图 1-20　下载 MySQL

单击 Download 按钮进入开始下载页面，单击下方的"No thanks,just start my download."超链接，跳过注册步骤，直接下载，如图 1-21 所示。

图 1-21　跳过注册步骤直接下载

2. 安装 MySQL

双击安装程序开始安装，在安装界面中勾选 I accept the license terms 复选项，单击 Next 按钮进入选择设置类型界面。在选择设置中有 5 种类型，说明如下：

- Developer Default：安装 MySQL 服务器以及开发 MySQL 应用所需的工具。工具包括开发和管理服务器的 GUI 工作台、访问操作数据库的 Excel 插件、与 Visual Studio 集成开发的插件、通过 NET/Java/C/C++/ODBC 等访问数据库的连接器、例子和教程、开发文档。
- Server only：仅安装 MySQL 服务器，适用于部署 MySQL 服务器。
- Client only：仅安装客户端，适用于基于已存在的 MySQL 服务器进行 MySQL 应用开发的情况。
- Full：安装 MySQL 的所有可用组件。

- Custom：自定义需要安装的组件。

MySQL 会默认选择 Developer Default 类型，这里选择 Server only 类型，如图 1-22 所示，单击 Next 按钮进行安装。

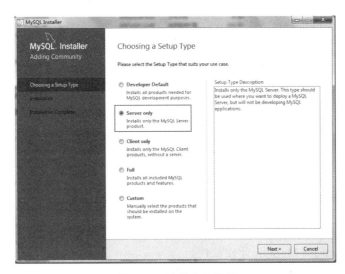

图 1-22　选择安装类型

3. 配置 MySQL 服务器

配置 MySQL 服务器的步骤如图 1-23 至图 1-27 所示。

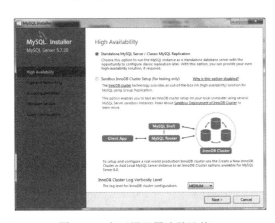

图 1-23　高可用配置选默认值

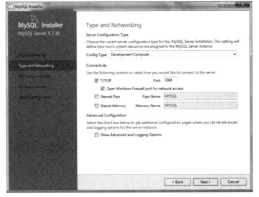

图 1-24　类型及网络配置

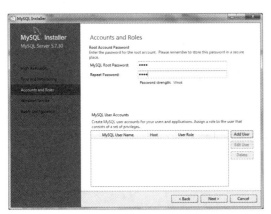

图 1-25　账户和角色配置

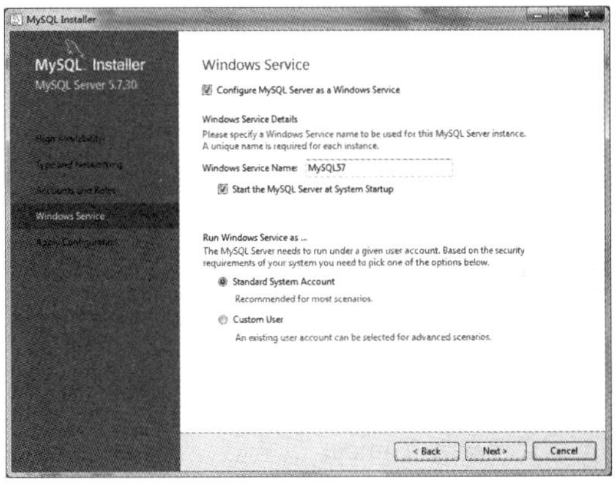

图 1-26　服务配置

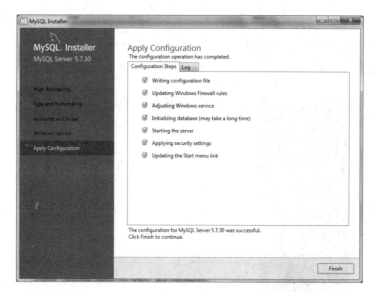

图 1-27　应用配置

4. 使用 Navicat for MySQL 管理软件

以上步骤完成后，MySQL 服务器就已经可以使用了。由于 MySQL 自身不带界面工具，为了进行可视化的管理，可以另外安装界面工具来处理 SQL 语句。可以下载 Navicat for MySQL 管理软件，下载地址为 https://pan.baidu.com/s/1wJQdPDUcOZorS3QwjM3I1g。

注意：对不同的操作系统和不同版本的 MySQL，安装过程可能会有不同，这里仅以 MySQL 5.7 为例介绍安装过程。

同步实训任务单

实训任务单

任务名称	在开发者的计算机上搭建 Java Web 开发环境		
训练要点	相关软件安装及配置		
需求说明	请根据教材的操作要点在开发者自己的计算机上搭建 Java Web 开发环境		
完成人		完成时间	
实训步骤			

任务小结

进行 Java Web 应用系统开发准备的步骤如下：

（1）安装 JDK 开发工具包，配置系统环境变量。

（2）安装 Tomcat 服务器。

（3）安装并配置 Java Web 应用集成开发工具 Eclipse。

（4）安装并配置 MySQL 数据库管理系统。

1.3 任务三 制作静态页面

问题引入

开发环境搭建好后即可着手做 Web 页面，先来进行系统静态页面的设计与制作，网络留言系统需要制作哪些静态页面呢？

实现思路

根据对系统功能的分析，系统的静态页面如表 1-5 所示。

表 1-5 在线用户注册登录系统主要页面

模块	页面名称	页面功能
查看、发表留言模块	index.html	该页面具备分页查看所有留言及发表留言功能
管理员登录模块	login.html	输入用户名及密码进行登录
找密码模块	lost.html	输入用户名页面
	dolost.html	根据 lost.html 输入的用户名设置新密码
删除留言模块	admin.html	显示所有留言信息，并可通过每条留言后的超链接对用户的留言进行删除
出错模块	error.html	出错页面

知识链接

1. HTML 基本结构

HTML 超文本文档分为文档头和文档体两部分，在文档头里对这个文档进行一些必要的定义，文档体中是要显示的各种文档信息。

HTML 是一种树形结构的文档（如图 1-28 所示），<html> 是根（root）节点；<head>、<title>、<body> 是 <html> 的子（child）节点，它们之间是兄弟（sibling）节点；<body> 下面是另一层子节点 <table>、<p> 等。

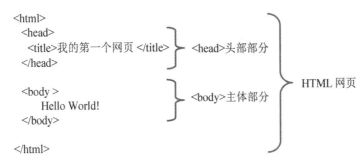

图 1-28 HTML 的基本结构

2. HTML 基本结构所涉及的标记

HTML 的语法是 HTML 语言的组织规范和使用标准。参照上面的基本结构，我们以列表的形式讲解它所涉及的 HTML 基本标记，如表 1-6 所示。这些基本标记是组成一个网页最基本的 HTML 标记。

表 1-6　HTML 的基本标记

类型名称	标记	描述
文件类型	<html></html>	放在文件开头与结尾，标记 HTML 语言的开始与结束
文件标题	<title></title>	用来指定文件的标题内容
文档头	<head></head>	用来加入描述性文字，如主题
文档体	<body></body>	加入文件的主要内容

3. HTML 常用标记

（1）结构标记，如表 1-7 所示。

表 1-7　结构标记

类型名称	标记	描述
标题	<h?></h?>（其中？可以是从 1 到 6 的数字）	表示标记中的字体是按照标题方式显示的，标题分为 6 种，不同的数字表示不同的大小
对齐方式	align=left|center|right	选择对齐方式是左对齐、居中对齐还是右对齐
区块	<div></div>	表示一块可显示 HTML 的区域

（2）字体外观标记，如表 1-8 所示。

表 1-8　字体外观标记

类型名称	标记	描述
字体大小	<font size=?></font>（其中？可以是从 1 到 7 的数字）	设置字体的大小
字体颜色	<font color="#??????"></font>	设置字体颜色，颜色一般使用 6 位十六进制的字符（0～F）
加粗	<B></B>	使标记中间的文字显示为粗体
斜体	<I></I>	使标记中间的文字显示为斜体
预定格式	<pre></pre>	保留文件中空格的大小

（3）链接标记，如表 1-9 所示。

表 1-9　链接标记

类型名称	标记	描述
链接	<a href="URL"></a>	链接到 URL 的地址
链接到锚点	<a name="***"></a>	设定锚点名称为 ***
	<a href="URL#***"></a>	锚点在另一个文件时的链接
	<a href="#***"></a>	锚点在当前文件时的链接
链接到目标	<a href="URL" target="***"></a>	如果 target 的值等于 _blank，单击链接后将会打开一个新的浏览器窗口来浏览新的 HTML 文档
邮件链接	<a href="mailto:email"></a>	创建了一个自动发送电子邮件的链接，mailto: 后边紧跟着想要发送到的那个电子邮件地址
图像链接	<img src="URL" alt="***">	URL 指明插入图像的地址，alt 指出了如果无法显示图像则显示的替换文字

（4）格式控制标记，如表 1-10 所示。

表 1-10 格式控制标记

类型名称	标记	描述
段落	<p></p>	用来创建一个段落，在此标识对之间加入的文本将按照段落的格式显示在浏览器中
空格		用来插入空格
换行	
	用来创建一个回车换行
横线	<hr>	用来在网页中添加横线

（5）表单标记，如表 1-11 所示。网页中具有可输入表项及项目选择控制的栏目称为表单，它是网页与用户交互信息的主要手段，在 HTML 页面中起着重要的作用。

表 1-11 表单标记

类型名称	标记	描述
表单	<form></form>	创建表单，主要属性如表 1-12 所示
单行文本框	<input type="text" size="" maxlength="">	单行的文本输入区域
按钮	<input type="submit">	将表单内容提交给服务器的按钮
	<input type="reset">	将表单内容全部清除再重新填写的按钮
	<input type="button">	普通按钮
复选框	<input type="checkbox" checked>	一个复选框，checked 属性用来设置该复选框默认时是否被选中
隐藏域	<input type="hidden">	隐藏区域，用户不能在其中输入，用来预设某些要传送的信息
图像替代	<input type="image" src="URL">	使用图像来代替 submit 按钮，图像的源文件名由 src 属性指定，用户单击后表单中的信息和单击位置的 X、Y 坐标一起传送给服务器
密码框	<input type="password">	输入密码的区域，当用户输入密码时区域内将会显示 * 号
单选按钮	<input type="radio">	单选按钮类型，checked 属性用来设置该单选按钮默认时是否被选中
下拉菜单	<select name="***"></select>	定义下拉菜单的选项名称
	<option value="***">????</option>	在菜单中的选项内容及取值
文本域	<textarea name="" rows="" cols=""></textarea>	用来创建一个可以输入多行的文本框，textarea 具有 name、cols 和 rows 属性。cols 和 rows 属性分别用来设置文本框的列数和行数

表 1-12 <form></form> 标记的主要属性

属性名称	属性值	功能
action	URL	设置处理表单的程序
method	post、get	设置发送表单的 HTTP 方法
enctype	contentType	设置发送表单内容的属性
target	frametarget	设置显示表单内容的窗口
onsubmit	script	设置被发送的事件

(6) 列表标记，如表 1-13 所示。

表 1-13 列表标记

类型名称	标记	描述

无序列表	<ul>
	  <li> 第一项
	  <li> 第二项
	  <li> 第三项
	</ul>
		无序列表使用的一对标记是 <ul></ul>，每一个列表项前使用 <li>

有序列表	<ol>
	  <li> 第一项
	  <li> 第二项
	  <li> 第三项
	</ol>
		有序列表使用标记 <ol></ol>，每一个列表项前使用 <li>。每个项目都有前后顺序之分，多数用数字表示

自定义列表	<dl>
	  <dt> 第一项 <dd> 叙述第一项的定义
	  <dt> 第二项 <dd> 叙述第二项的定义
	  <dt> 第三项 <dd> 叙述第三项的定义
	</dl>
		定义性列表可以用来给每一个列表项再加上一段说明性文字。在应用中，列表项使用标记 <dt> 标明，说明性文字使用 <dd> 表示

(7) 表格标记，如表 1-14 所示。表格是网页设计中最常用的对象之一，主要有两方面的用途：一是用于网页中普通表格的绘制；二是用表格进行页面布局。

表 1-14 表格标记

类型名称	标记	描述
表格	<table></table>	表格的开始和结束
行	<tr></tr>	定义表格的行
表头	<th></th>	定义表格中的表头
表元	<td></td>	定义表格中的具体文本
标题	<caption></caption>	要为表格加上一个标题，可以使用 <caption valign=#></caption> 标记，其中 # 取值为 top 或 bottom，分别表示表格的标题在上部或下部

浏览器显示表格时，表格的整体外观由 <table> 标记的属性决定。<table> 标记的主要属性如表 1-15 所示。

表 1-15 <table> 标记的主要属性

属性名称	属性值	功能
border	size	设置表格边框大小
width	size	设置表格宽度
height	size	设置表格高度
cellspacing	size	设置单元格间距
cellpadding	size	设置单元格的填充距
background	URL	设置表格的背景图像
bgcolor	color	设置表格的背景颜色

<tr> 标记的一些属性可以用来定制表格的行。<tr> 标记的常用属性如表 1-16 所示。

表 1-16 <tr> 标记的常用属性

属性名称	属性值	功能
align	left、right、center	设置行对齐方式
valign	top、middle、bottom、baseline	设置行中单元格的垂直对齐方式
bgcolor	color	设置单元格的背景颜色
bordercolor	color	设置单元格的边框颜色

<td> 标记的一些属性可以用来定制表格中的单元格。<td> 标记除具有 <tr> 标记的一般属性外还有一些属性，如表 1-17 所示。

表 1-17 <td> 标记的常用属性

属性名称	属性值	功能
rowspan	num	设置单元格所占的行数
colspan	num	设置单元格所占的列数

4. CSS 样式

在 HTML 中虽然有很多标签都可以控制页面的效果，但是它们的功能都很有限，使用 CSS 可以将网页的效果实现得更完美。CSS（Cascading Style Sheets）称为层叠样式单或层叠样式表，它是每一个网页设计人员的必备技能，目前各浏览器普遍支持 CSS 3.0。

将 CSS 样式加载到网页中的方式有以下 4 种：

- 页面内嵌法：将样式表直接写在页面代码的头部部分（head 区域）。
- 外部链接法：将样式表写在一个独立的 CSS 文件中，然后在页面的 head 区域使用 HTML 的 link 对象调用，例如：

```
<link href="css/style.css" rel="stylesheet" type="text/css" />
```

- 外部导入法：与外部链接法类似，用 @import 导入外部的 CSS 文件，例如：

```
<style type="text/css">
<!--
@import url("../css/style.css")
-->
</style>
```

- 内联定义法：在对象的标记内使用对象的 style 属性定义适用的样式表属性，例如：

```
<input style="border:1px" name="uname" type="text">
```

5. 样式规则选择器

一个样式（Style）的基本语法由三部分构成：选择器、属性和属性值，即：

```
选择器{
  对象的属性1: 属性值1;
  ...
  对象的属性n: 属性值n;
}
```

选择器主要有 3 种：标签选择器、类选择器、ID 选择器。

（1）标签选择器。在 HTML 页面中使用的标签，如果在 CSS 中被定义，那么此网页中的所有该标签都将按照 CSS 中定义的样式显示，例如：

```
<style>
p{font-weight:bold;}
</style>
```

（2）类选择器。使用 HTML 标签的 class 属性引入 CSS 中定义的样式规则的名字，称为类选择器，class 属性指定的样式名必须以"."开头，例如：

```
<style type="text/css">
.mycss{
    font-weight:bold;
}
</style>
```

在页面中使用类选择器：

```
<p class="mycss">这是个段落</p>
```

（3）ID 选择器。id 属性用来定义某一特定的 HTML 元素，ID 选择器定义的 CSS 名称必须以"#"开头，例如：

```
<style type="text/css">
#mycss{
    font-weight:bold;
}
</style>
```

在页面中使用 ID 选择器：

```
<p id="mycss">这是个段落</p>
```

6. 常用 CSS 属性

（1）常用文本属性，如表 1-18 所示。

表 1-18　常用文本属性

属性	描述
line-height	设置行高（即行间距），常用取值为 25px、28px
text-align	设置对齐方式，常用取值为 left、right、center
letter-spacing	设置字符间距，常用取值为 3px、8px
text-decoration	设置文本修饰，常用取值为 underline（下划线）、none
white-space	规定如何处理空白，常用取值为 nowrap（不换行）

（2）常用字体属性，如表 1-19 所示。

表 1-19　常用字体属性

属性	描述
font	在一个声明中设置字体的所有样式属性
font-family	定义字体类型，例如：font-family: 宋体；
font-size	定义字体大小
font-weight	定义字体粗细

（3）常用背景属性，如表 1-20 所示。

表 1-20　常用背景属性

属性	描述
background	在一个声明中设置所有的背景属性
background-color	设置元素的背景颜色
background-image	设置元素的背景图像
background-position	设置背景图像的开始位置
background-repeat	设置是否以及如何重复背景图像

（4）CSS 外边距属性（Margin），如表 1-21 所示。

表 1-21　CSS 外边距属性

属性	描述
margin	在一个声明中设置所有的外边距属性
margin-bottom	设置元素的下外边距
margin-left	设置元素的左外边距
margin-right	设置元素的右外边距
margin-top	设置元素的上外边距

（5）CSS 内边距属性（Padding），如表 1-22 所示。

表 1-22　CSS 内边距属性

属性	描述
padding	在一个声明中设置所有的内边距属性
padding-bottom	设置元素的下内边距
padding-left	设置元素的左内边距
padding-right	设置元素的右内边距
padding-top	设置元素的上内边距

（6）CSS 尺寸属性（Dimension），如表 1-23 所示。

表 1-23　CSS 尺寸属性

属性	描述
height	设置元素的高度
width	设置元素的宽度

任务实现

使用 Dreamweaver 和 HTML 完成留言管理系统静态页面的设计与制作。

需要设计并编写 6 个静态网页：index.html、login.html、lost.html、dolost.html、admin.html 和 error.html，如图 1-29 至图 1-34 所示。

图 1-29　index.html 界面设计

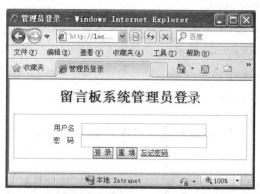

图 1-30　login.html 界面设计

图 1-31　lost.html 界面设计

图 1-32　dolost.html 界面设计

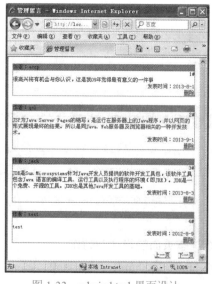

图 1-33　admin.html 界面设计

图 1-34　error.html 界面设计

同步实训任务单

实训任务单

任务名称	制作留言管理系统的静态页面
训练要点	HTML 标记及 Dreamweaver 的使用
需求说明	在 Dreamweaver 中制作查看发表留言页面 在 Dreamweaver 中制作管理员登录页面 在 Dreamweaver 中制作重设密码模块相关页面 在 Dreamweaver 中制作错误页面 error.html
完成人		完成时间	
实训步骤	

任务小结

制作系统的静态页面是进行动态 Web 项目开发的准备工作,主要是用 Dreamweaver 编写 HTML 代码。

1.4 任务四 部署并运行第一个 JSP 文件

问题引入

JSP 文件如何编写?同静态网页之间是否有联系?它又是如何运行的呢?

实现思路

开发环境搭建完成,下一阶段就要学会在 Eclipse 中编写并运行 JSP 页面,该过程所涉及的几个步骤如下:

(1)创建一个 Dynamic Web 项目:可通过向导创建 Web 项目。
(2)设计 Web 项目的目录结构:学习如何将不同的文件放置在适当的目录下。
(3)编写 JSP 文件:主要是编写相关的 JSP 文件。
(4)部署并运行 JSP 文件:通过 Eclipse 将 Web 项目部署到 Tomcat 中,并运行 Web 项目中的 JSP 文件。

知识链接

1. JSP 技术原理

在 HTML 文件中嵌入 Java 程序片段和 JSP 标签就构成了 JSP 页面。JSP 页面的扩展名为 .jsp,Web 服务器(如 Tomcat)通过此扩展名通知 JSP 引擎处理该页面中的元素。一般通过站点部署文件 web.xml 与 JSP 引擎联系。当用户在浏览器中通过 URL 访问 JSP 页面时,Web 服务器使用 JSP 引擎对服务器上被访问的 JSP 页面依次进行翻译、编译和执行,

JSP 的执行过程

最后将生成的页面返回给客户端浏览器进行显示。

当 JSP 请求提交到服务器时，Web 容器会通过以下 3 个阶段来实现处理（如图 1-35 所示）：

（1）翻译阶段。当 Web 服务器接收到 JSP 请求时，会对 JSP 文件进行翻译，将编写好的 JSP 文件通过 JSP 引擎转换成可识别的 Java 源代码。

（2）编译阶段。经过翻译后的 JSP 文件相当于我们编写好的 Java 源文件，此时必须要将 Java 源文件编译成可执行的字节码文件。

（3）执行阶段。经过编译阶段后生成了可执行的二进制字节码文件，此时就进入了执行阶段。最后 Web 容器把执行生成的结果页面返回到客户端浏览器进行显示。

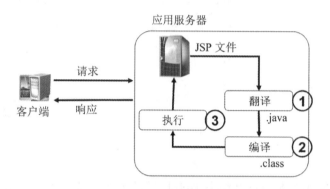

图 1-35　JSP 的执行过程

一旦 Web 应用服务器把 JSP 文件翻译和编译完，来自客户端的每一个 JSP 请求就可以重用这个编译好的字节码文件，所以 JSP 文件在第一次请求时会比较慢，而之后对同样的 JSP 文件的请求会非常快。如果对 JSP 进行了修改，容器会及时探测到此修改，并重新进行翻译和编译。

2. URL

URL 是 Uniform Resource Location 的缩写，译为"统一资源定位符"，就是我们通常所说的网址。URL 是唯一能够识别 Internet 上具体的计算机、目录或文件位置的命名约定。

URL 由以下三部分组成：第一部分是协议；第二部分是主机 IP 地址（有时也包括端口号）；第三部分是主机资源的具体地址，如目录和文件名等。

第一部分和第二部分之间用"://"符号隔开，第二部分和第三部分之间用"/"符号隔开。第一部分和第二部分是不可缺少的，第三部分有时可以省略。

例如 http://localhost:8080/MyWeb/test.jsp 这个 URL，使用超级文本传输协议 HTTP；主机 IP 地址是 localhost，也可以使用 127.0.0.1 或者实际的 IP 地址来替代；端口号为 8080；MyWeb/test.jsp 代表网页存放的具体地址。需要特别注意的是，MyWeb 是对外发布的虚拟的上下文路径，它对应的实际路径是 Web 应用的文档根目录，也就是 WebContent 文件夹。

任务实现

1.4.1　创建一个 Dynamic Web 项目

在 Eclipse 中创建 Dynamic Web 项目的步骤如下：

（1）创建 Dynamic Web 项目，如图 1-36 所示。

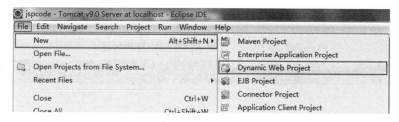

图 1-36　创建 Dynamic Web 项目

（2）根据向导提示给 Dynamic Web 项目命名，如 MyWeb，其余选项可以使用默认值，单击 Next 按钮，选中"产生 web.xml 文件"单选项，单击 Finish 按钮完成 Dynamic Web 项目的创建，如图 1-37 和图 1-38 所示。这里需要注意，项目的根目录对应的物理文件夹为 WebContent，访问时的根目录对应的 URL 为 /MyWeb。

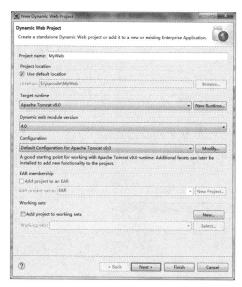
图 1-37　配置 DynamicWeb 项目（1）

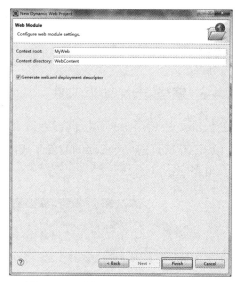
图 1-38　配置 DynamicWeb 项目（2）

1.4.2　设计 Web 项目的目录结构

创建完 Web 项目后，可以在 Project Exploror 中看到 Eclipse 自动生成的 MyWeb 项目的目录结构。图 1-39 中 src、WebContent 下的 META-INF、WEB-INF 是自动生成的。

图 1-39　Web 项目的目录结构

Web 项目中常见目录及文件的用途如表 1-24 所示。

表 1-24　Web 项目的目录结构及其用途

目录	用途
src	用来存放 Java 源文件
WebContent	Web 应用的根目录，相当于 Tomcat 安装目录下的 webapps 目录
WebContent/META-INF	由系统自动生成，存放系统描述信息
WebContent/WEB-INF	该目录存在于文档根目录下，但是它不能被引用，其下存放的文件无法对外发布，用户无法访问
WEB-INF/lib	它包含 Web 应用所需的 .jar 或 .zip 文件
WEB-INF/web.xml	Web 应用的初始化配置文件，不要将其删除或者随意修改
静态文件	包括所有的 HTML 网页、CSS 文件、图像文件等，一般按功能以文件夹形式分类，如图像文件集中存储在 images 目录中，样式表文件集中存储在 css 目录中
JSP 文件	扩展名为 .jsp 的文件即为 JSP 文件

1.4.3　编写第一个 JSP 文件

在 Eclipse 中使用 JSP 模板向导创建 JSP 页面的步骤如下：

（1）右击项目的 WebContent 文件夹，在弹出的快捷菜单中选择 New → Other 命令，如图 1-40 所示。

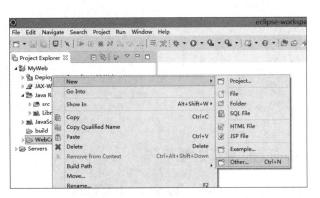

图 1-40　使用 JSP 模板向导创建 JSP 页面（1）

（2）在弹出的 New 对话框中选择 Web 下的 JSP File，单击 Next 按钮，如图 1-41 所示。

图 1-41　使用 JSP 模板向导创建 JSP 页面（2）

（3）在弹出的 New JSP File 对话框的 File name 文本框中输入文件名 test.jsp，单击 Finish 按钮，如图 1-42 所示，使用 JSP 模板向导在 WebContent 文件夹下创建 JSP 页面的任务就完成了。

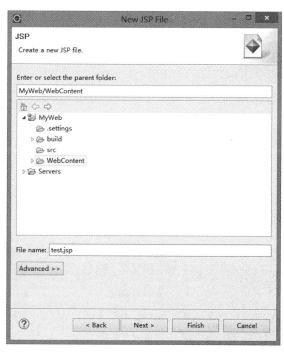

图 1-42　使用 JSP 模板向导创建 JSP 页面（3）

Eclipse 会按模板自动生成 test.jsp 页面，生成的代码如图 1-43 所示。

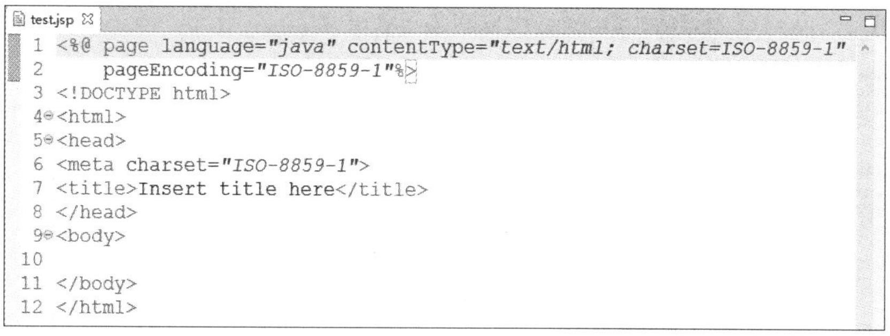

```
test.jsp
 1  <%@ page language="java" contentType="text/html; charset=ISO-8859-1"
 2      pageEncoding="ISO-8859-1"%>
 3  <!DOCTYPE html>
 4  <html>
 5  <head>
 6  <meta charset="ISO-8859-1">
 7  <title>Insert title here</title>
 8  </head>
 9  <body>
10
11  </body>
12  </html>
```

图 1-43　使用模板生成的 JSP 源文件代码

在图 1-43 所示代码的第 10 行输入如下语句：

```
<%
    out.println("正在运行第一个JSP文件");
%>
```

如果在语句中使用了中文字符，需要把该 JSP 文件的编码形式改为 GBK，如清单 1-1 所示。

清单 1-1　将 JSP 文件的编码形式改为 GBK。

```
<%@ page language="java" contentType="text/html; charset=GBK"
pageEncoding="GBK"%>
<meta http-equiv="Content-Type" content="text/html; charset=GBK">
```

修改后的 test.jsp 代码如图 1-44 所示，最后保存文件。

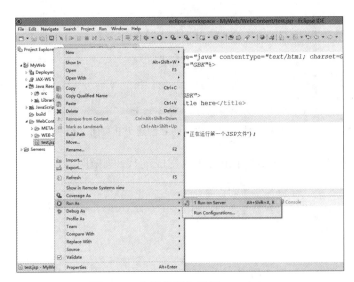

图 1-44　输入代码

1.4.4　部署并运行 JSP 文件

运行 JSP 文件的过程中，Eclipse 会自动部署当前 MyWeb 项目到 Tomcat 服务器上，如图 1-45 和图 1-46 所示，并会自动重新启动 Tomcat 服务器，同时打开内置的浏览器，JSP 的运行结果即可在浏览器中查看，如图 1-47 所示。

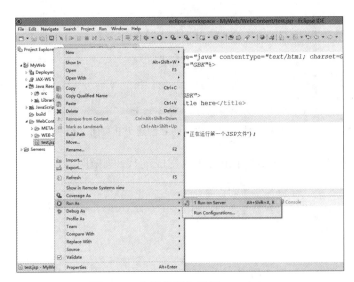

图 1-45　在服务器上运行 JSP（1）

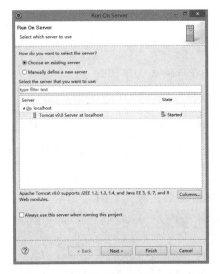

图 1-46　在服务器上运行 JSP（2）

图 1-47　运行 test.jsp 文件的结果

Tomcat 的启动信息中包含了一些重要信息：信息"Starting Coyote HTTP/1.1 on http-8080"提示在 8080 端口启动了 Tomcat 服务，信息"Server startup in XXXX ms"提示 Tomcat 已经启动完毕。

1.4.5　常见错误

在刚开始使用 JSP 进行 Web 程序开发时，会疏忽掉一些重要的操作步骤，导致无法运行系统，下面给出几种常犯的操作错误。

（1）未启动 Tomcat 服务。若没有启动 Tomcat 服务或者没有在预期的端口中启动 Tomcat 服务，那么运行 Web 项目会在 IE 中提示"无法显示网页"的错误，如图 1-48 所示。

图 1-48　未启动 Tomcat 服务

排错方法：检查 Tomcat 服务能否正确运行。在 IE 中输入 http://localhost:8080，如果 Tomcat 正确启动，将在 IE 中显示 Tomcat 服务的首页面，否则将在 IE 中提示"无法显示网页"。

排除错误：查看 Eclipse 上控制台的提示信息，如果在控制台上显示 Tomcat 服务已启动，观察端口号是否与预期端口号一致，按照实际端口号重新运行 Web 项目；否则，启动 Tomcat 服务。

（2）未部署 Web 应用。如果已经启动了 Tomcat 服务，但是尚未部署 Web 应用，那么在运行 Web 项目时将在 IE 中提示"404 错误"，即文件无法找到的错误，如图 1-49 所示。

排错方法：进入部署页面，检查 Web 应用是否正确部署。

排除错误：进入部署页面，正确部署 Web 应用。

（3）URL 输入错误。已经启动了 Tomcat 服务，也已部署了 Web 应用，但在运行 Web 项目时 URL 输入错误，也会在 IE 中提示"404 错误"，如图 1-50 所示。

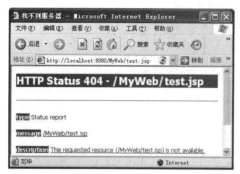
图 1-49 未部署 Web 应用

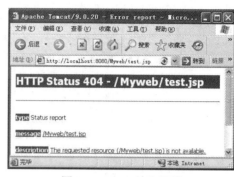
图 1-50 URL 输入错误

排错方法：检查 URL。

首先，查看 URL 的前两部分（即协议与 IP 地址、端口号）是否书写正确。

接着，查看上下文路径是否正确。我们在创建 Web 项目时进行过这项配置，现在可以通过选中项目，右击并选择 Properties 命令，在弹出的对话框中检查路径名称是否书写正确，如图 1-51 所示。

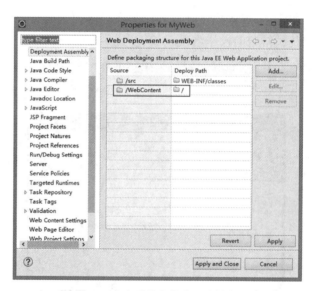
图 1-51 查看发布的上下文路径

最后，检查一下文件名称是否书写正确。

排除错误：修改 URL，正确的 URL 应该是 http://localhost:8080/MyWeb/test.jsp。

（4）目录不能被引用。已经启动了 Tomcat 服务，也已部署了 Web 应用，而且看上去 URL 也没有什么错误，但是在运行 Web 项目时在 IE 中提示"404 错误"，如图 1-52 所示。

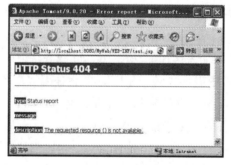
图 1-52 目录不能被引用错误

排错方法：在 Eclipse 的"包资源管理器"中检查文件的存放位置。由于 META-INF 和 WEB-INF 文件夹下的内容无法对外发布，所以引用 http://localhost:8080/MyWeb/WEB-INF/ 是不允许的。检查一下是否把文件存放在了这两个文件夹下。

排除错误：把文件从 META-INF 和 WEB-INF 文件夹下拖到文档根目录下，同时修改 URL 为 http://localhost:8080/MyWeb/test.jsp。

同步实训任务单

实训任务单

任务名称	将留言管理系统静态页面改成 JSP 文件		
训练要点	JSP 文件的创建及运行		
需求说明	将留言管理系统静态页面改成 JSP 文件		
完成人		完成时间	
小提示	提示，修改 JSP 文件的方法有以下两种： ● 使用向导创建 JSP 文件，复制 HTML 文件内容 ● 将文件名的 .html 后缀修改为 .jsp，在 JSP 首行加入如下代码： <%@ page language="java" contentType="text/html; charset=GBK" pageEncoding="GBK" %>		
实训步骤			

任务小结

在 Eclipse 中编写并运行 JSP 页面的步骤如下：

（1）创建一个 Dynamic Web 项目。
（2）设计 Web 项目的目录结构。
（3）编写 JSP 文件。
（4）部署并运行 JSP 文件。

模块一小结

1. 安装并配置 JSP 开发环境的步骤：
（1）下载、安装，配置 JDK 并测试。
（2）下载、安装 Tomcat 服务器。
（3）安装并配置 Eclipse。
（4）安装并配置 MySQL 数据库。

2. 开发 JSP 动态网站，从创建项目到部署运行所涉及的几个步骤：
（1）创建一个 Dynamic Web 项目。
（2）设计 Web 项目的目录结构。

（3）编写第一个 JSP 文件。

（4）部署并运行 JSP 文件。

3. Java 服务器页面（Java Server Pages，JSP）技术是指在 HTML 中嵌入 Java 脚本语言，并在 Web 应用服务器端运行的页面。

4. 进行 Web 程序开发时，要避免以下常犯的操作错误：

（1）未启动 Tomcat 服务或者没有在预期的端口中启动 Tomcat 服务。

（2）未部署 Web 应用就试图运行 Web 程序。

（3）运行时 URL 输入错误。

（4）存放文件的目录无法对外引用，如文件放入了 WEB-INF、META-INF 等文件夹中。

习题一

一、填空题

1. Tomcat 成功安装和启动后，可以在浏览器中输入 _____ 或 _____ 来测试安装配置是否正常。

2. 当服务器上的一个 JSP 页面第一次请求执行时，首先将 JSP 文件转译成一个 _____ 文件，再将这个文件编译生成 _____ 文件。

二、选择题

1. 如果进行动态网站的开发，以下（ ）可以作为服务器端脚本语言。

    A．HTML   B．JSP   C．JavaScript   D．ASP

2. 在运行 Web 项目时，IE 提示 "404 错误"，可能的原因有（ ）。

    A．未启动 Tomcat 服务   B．未部署 Web 项目

    C．URL 中的上下文路径书写错误   D．URL 中的文件名称书写错误

3. 在 Web 项目的目录结构中，web.xml 文件位于（ ）中。

    A．src 目录   B．文档根目录

    C．META-INF 目录   D．WEB-INF 目录

4. 基于 JSP 技术的 Web 应用程序打包时，要求按特定的目录结构组织文件，此目录结构中包含一个 WEB-INF 目录，一般情况下该目录中不包含（ ）。

    A．src 目录   B．web.xml 文件

    C．Java 源文件   D．lib 目录

模块二　Java Web 编程入门

模块简介

上一个模块通过安装并配置 Java Web 开发环境、在 Eclipse 环境中部署运行 Java Web 项目,完成了使用 Java Web 技术开发动态网站的准备工作,对 Java Web 技术有了初步认识。

本模块将带领大家进一步学习 Java Web 编程技术——JSP,掌握 JSP 的页面组成元素,会使用 JSP 内置对象。JSP 内置对象在 Web 项目中被广泛用于获取客户端数据、输出信息、保存数据等场景中。

学习导航

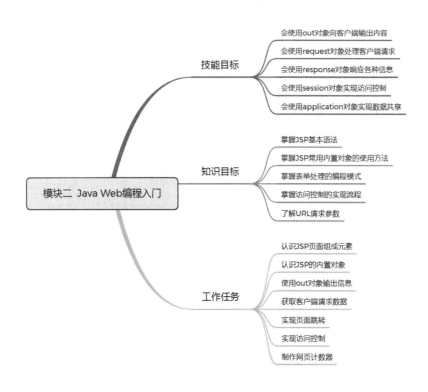

2.1　任务一　认识 JSP 页面组成元素

认识 JSP 页面组成元素

问题引入

通过模块一的学习,我们已经知道如何使用开发工具编写和运行简单的 JSP 文件,但对 JSP 页面中的语法还不了解。JSP 的基本语法是什么呢?一起来快速入门 JSP 语法吧!

实现思路

JSP 页面由静态内容、指令、表达式、小脚本、声明、标准动作、注释等元素构成。

知识链接

1. 指令

指令主要用于设定整个 JSP 页面范围内都有效的相关信息,它被服务器解释并执行,但不会产生任何内容输出到网页中。JSP 指令一般以 "<%@" 开始,以 "%>" 结束。在 JSP 中常用的有 page 和 include 指令。

2. page 指令

page 指令用于整个页面,定义与页面相关的属性,一般放在 JSP 页面文件的第一行。

page 指令的语法格式为:

<%@ page 属性1="属性值1" 属性2="属性值2"...%>

在一个属性中可以设置多个属性值,各属性值之间用逗号分隔。page 指令提供了 language、contentType、pageEncoding、import、autoFlush、buffer、errorPage、extends、info、isELIgnored、isErrorPage、isThreadSafe 和 session 共 13 个属性,其中最常用的有以下几个:

(1) import 属性:用于指定脚本在环境中可以使用的 Java 类,它和 Java 程序中的 import 声明类似,当有多个属性值时它们之间用逗号分开,也可以重复设置 import 的属性值。import 属性是 page 指令中唯一一个可以重复设置的属性,如表 2-1 所示。

表 2-1 page 指令中 import 属性的呈现形式

import 呈现形式	例子
有多个属性值,用逗号分开	<%@ page import="java.util.*,java.io.*" %>
重复设置 import 属性	<%@ page import="java.util.* " %> <%@ page import="java.io.* " %>
import 默认属性值	java.lang.*,javax.servlet.*,javax.servlet.JSP.*,javax.servlet.http.*

(2) language 属性:用于指定在脚本元素中使用的脚本语言,默认为 Java。

(3) contentType 属性:用于设置 JSP 页面的 MIME 类型和字符编码,浏览器会据此显示网页内容。MIME(Multipurpose Internet Mail Extention)的内容一直在增加,表 2-2 列出了常见的 MIME 类型。

表 2-2 常见的 MIME 类型

MIME 类型	说明
application/msword	Microsoft Word 文档
application/pdf	Acrobat PDF 文件
application/vnd.ms-excel	Microsoft Excel 表格
audio/x-wav	Wav 格式的音频文件
text/html	HTML 格式的文本文档
text/css	HTML 层叠样式表
text/plain	普通文本文档

MIME 类型	说明
image/jpeg	JPEG 格式图片
Video/mpeg	MPEG 格式视频文件

（4）pageEncoding 属性：用于定义 JSP 页面的编码格式，也就是指定文件编码。JSP 页面中的所有代码都使用该属性指定的字符集，JSP 页面默认的编码格式为 ISO-8859-1，为使页面支持中文一般设置该属性的值为 GBK 或 UTF-8。

3. include 指令

include 指令用于在 JSP 页面中包含一个文件，该文件可以是 JSP 页面、HTML 网页、文本文件或一段 Java 代码，用它可以简化页面代码，提高代码的重用性，语法为：

<%@ include file="相对于当前文件的url" %>

4. 注释

在编写程序的时候，每个程序员都要养成给出注释的好习惯，合理详细的注释有利于代码后期的维护和阅读。在 JSP 文件的编写过程中有以下 3 种注释方法：

（1）HTML 的注释方法，使用格式为：<!--HTML 注释 -->。其中的注释内容在客户端浏览里不显示，但是查看源代码时客户端可以看到这些注释内容，如图 2-1 所示。这种注释方法不安全，而且会加大网络的传输负担。

（2）JSP 注释标记，使用格式为：<%-- JSP 注释 --%>。在客户端通过查看源代码是看不到注释中的内容的，如图 2-1 所示，安全性比较高。

图 2-1　查看示例产生的网页源代码

（3）在 JSP 脚本中使用注释。脚本就是嵌入到 <% 和 %> 标记之间的程序代码，使用的语言是 Java，因此在脚本中进行注释和在 Java 类中进行注释的方法相同，使用格式为：<%// 单行注释 %>、<% /* 多行注释 */ %>。

5. 小脚本

小脚本可以包含任意的 Java 片段，编写方法是将 Java 程序片段插入到 <% 和 %> 标记中。

6. 声明

声明用于在 JSP 页面中定义全局的变量或方法，声明过的变量和方法可以在 JSP 文件的任意地方使用。声明的基本语法为：

<%!声明变量或方法的代码 %>

其中 <% 和 ! 之间不可以有空格，但 ! 与其后面的代码之间可以有空格。另外，<%! 与 %> 可以不在同一行。

7. 表达式

当需要在页面中获取一个 Java 变量或者表达式值时，使用表达式格式是非常方便的。表达式基本语法为：

```
<%=Java表达式%>
```

不能用分号作为表达式的结束符，表达式必须是一个合法的 Java 表达式，表达式必须有返回值，且返回值被转换为字符串。

8. 静态内容

静态内容是 JSP 页面中的静态文本，它基本上是 HTML 文本，与 Java 和 JSP 语法无关。

任务实现

下面通过案例来认识常用的 JSP 页面元素。

【例 2-1】第一个 JSP 文件，运行效果如图 2-2 所示。

清单 2-1　test.jsp 代码。

```jsp
<%@ page language="java" contentType="text/html; charset=GBK"pageEncoding="GBK"
import="java.util.Date,java.text.SimpleDateFormat"%>
<!DOCTYPE html PUBLIC "-//W3C//DTD HTML 4.01 Transitional//EN"
"http://www.w3.org/TR/html4/loose.dtd">
<html>
<head>
  <meta http-equiv="Content-Type" content="text/html; charset=GBK">
  <title>第一个JSP文件</title>
</head>
<!-- 这是HTML注释（客户端可以看到源代码） -->
<%-- 这是JSP注释（客户端不能看到源代码） --%>
<body>
  <%!
  String str="";
  String cf(){
    for(int i=1;i<=9;i++){
      for(int j=1;j<=i;j++){
        str+=j+"*"+i+"="+j*i;
        str+=" ";
      }
      str+="<br>";
    }
    return str;
  }
  %>
  <%
    Date date=new Date();
    //设置日期时间格式
    SimpleDateFormat df=new SimpleDateFormat("yyyy-MM-dd HH:mm:ss");
    String today=df.format(date);
  %>
  当前时间：<%=today %>
  <hr>
```

```
    九九乘法表<br>
      <%=cf() %>
</body>
</html>
```

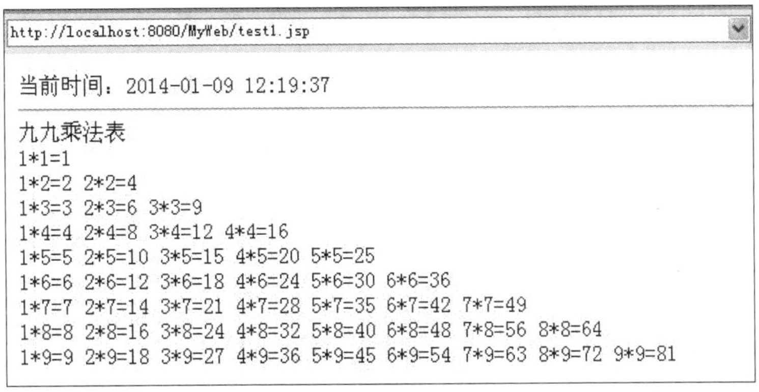

图 2-2 案例运行结果

2.1.1 JSP 指令

在本案例中属于 JSP 指令的代码片段如清单 2-2 所示。

清单 2-2　page 指令。

```
<%@ page language="java" contentType="text/html; charset=GBK"pageEncoding="GBK"
    import="java.util.Date,java.text.SimpleDateFormat"%>
```

【例 2-2】使用 include 指令包含网站的版权信息栏。

编写名为 copyright.jsp 的文件，显示版权信息。

清单 2-3　copyright.jsp 代码。

```
<%@ page language="java" contentType="text/html; charset=UTF-8"
    pageEncoding="UTF-8"%>
<hr>  All Copyriht &copy;2014 XX有限公司
```

编写 index.jsp，在该页面中显示 copyright.jsp 中的内容。

清单 2-4　index.jsp 代码。

```
<%@ page language="java" contentType="text/html; charset=UTF-8"
    pageEncoding="UTF-8"%>
<!DOCTYPE html PUBLIC "-//W3C//DTD HTML 4.01 Transitional//EN""http://www.w3.org/TR/html4/loose.dtd">
<html>
<head>
    <meta http-equiv="Content-Type" content="text/html; charset=UTF-8">
    <title>使用include指令</title>
</head>
<body>
    这是index.jsp文件中的内容<br>
    <%@ include file="copyright.jsp" %>
</body>
</html>
```

运行 index.jsp，将显示如图 2-3 所示的效果。

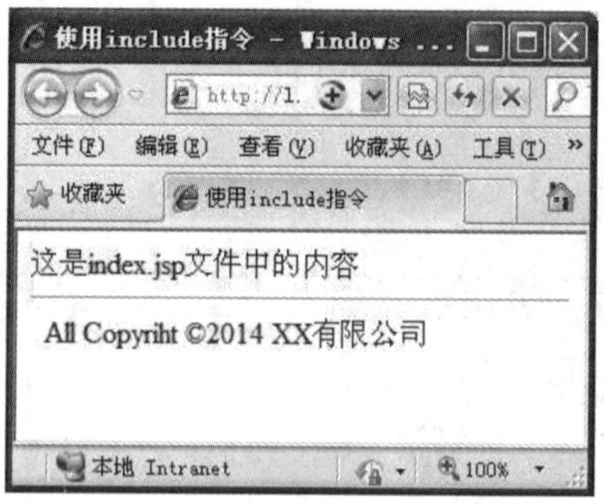

图 2-3　include 指令的使用

2.1.2 注释

例 2-1 中使用到了 3 种注释方法，下面是对应的代码片段。

清单 2-5　注释代码。

```
<!-- 这是HTML注释（客户端可以看到源代码） -->
<%-- 这是JSP注释（客户端不能看到源代码） --%>
<%
//设置日期时间格式
%>
```

2.1.3 小脚本

属于小脚本的代码片段如清单 2-6 所示。

清单 2-6　JSP 小脚本。

```
<%
    Date date=new Date();
    //设置日期时间格式
    SimpleDateFormat df=new SimpleDateFormat("yyyy-MM-dd HH:mm:ss");
    String today=df.format(date);
%>
```

2.1.4 声明

属于声明的代码片段如清单 2-7 所示。

清单 2-7　JSP 声明。

```
<%!
String str="";
String cf(){
    for(int i=1;i<=9;i++){
        for(int j=1;j<=i;j++){
            str+=j+"*"+i+"="+j*i;
            str+=" ";
        }
        str+="<br>";
    }
    return str;
}
%>
```

一个声明仅在一个页面中有效。如果想使声明在多个页面都可使用，最好将其写成一个单独的文件，然后用 include 指令包含进来。

2.1.5 表达式

属于表达式的代码片段如清单 2-8 所示。

清单 2-8　JSP 表达式。

<%=today %>

2.1.6 静态内容

程序中的粗体部分都属于静态内容。

同步实训任务单

实训任务单

任务名称	编写简单的 JSP 程序	
训练要点	JSP 常用页面元素的使用	
需求说明	编写 JSP 程序，实现动态添加下拉列表的列表项	
完成人		完成时间
小提示	创建 JSP 文件，在此文件的顶部使用 JSP 声明并初始化一个一维数组，此数组存放下拉列表的列表项内容；在 <body> 标记中使用 for 循环遍历数组并将数组元素作为下拉列表的列表项显示	
实训步骤		

任务小结

　　JSP 页面由静态内容、指令、表达式、小脚本、声明、注释等元素构成；JSP 指令一般以"<%@"开始，以"%>"结束；JSP 注释标记的使用格式为：<%-- JSP 注释 --%>；小脚本以"<%"开始，以"%>"结束；JSP 声明以"<%!"开始，以"%>"结束；JSP 表达式以"<%="开始，以"%>"结束，= 后跟 Java 表达式。

2.2　任务二　认识 JSP 的内置对象

问题引入

　　JSP 的一个重要特征就是它自带了功能强大的内置对象，这些内置对象在 Web 项目中被广泛用于获取客户端数据、输出信息、保存数据等场景中。

　　那么有哪些内置对象呢？它们的功能又是如何的？

认识 JSP 的内置对象

实现思路

JSP 的内置对象包括 request、response、out、session、pageContext、application、config、page 和 exception，比较常用的是 out、request、response、session 和 application。通过学习 JSP 内置对象的概念、分类、可见范围及功能来了解 JSP 内置对象的强大作用。

知识链接

1. JSP 内置对象概述

Java 是面向对象的语言，由于 JSP 是使用 Java 作为脚本语言，所以 JSP 具有强大的对象处理能力。在 Java 语法中使用一个对象前需要先实例化这个对象，这其实是一件比较烦琐的事。为了简化开发，JSP 提供了一些内置对象，这些内置对象在使用时不需要实例化，直接使用即可。内置对象也称为隐含对象或固有对象。内置对象是被 JSP 容器自动定义的对象变量，可以在 JSP 页面的 jspService() 方法中自动实例化这些隐含对象。JSP 内置对象大致可分为以下 4 类：

- 与输入输出有关的内置对象：out、request、response。
- 与上下文（Context）有关的内置对象：session、application、pageContext。
- 与 Servlet 有关的内置对象：page、config。
- 与错误（Error）处理有关的内置对象：exception。

2. JSP 内置对象的范围

表 2-3 列出了 JSP 的 9 个内置对象的可见范围及其功能描述。

表 2-3 JSP 的内置对象

对象名	对象类型	可见范围	描述
out	javax.servlet.jsp.JspWriter	page	提供对输出流的访问
request	javax.servlet.http.HttpServletRequest	request	提供对 HTTP 请求数据的访问，同时还提供用于加入特定请求数据的上下文
response	javax.servlet.http.HttpServletResponse	page	允许直接访问 HttpServletResponse 对象，可用来向客户端输出数据
session	javax.servlet.http.HttpSession	session	可用来保存在服务器与一个客户端之间需要保存的数据，当客户端关闭网站的所有网页时，session 变量会自动消失
application	javax.servlet.ServletContext	application	代表应用程序上下文，它允许 JSP 页面与包括在同一应用程序中的任何 Web 组件共享信息
pageContext	javax.servlet.jsp.PageContext	page	是 JSP 页面本身的上下文，它提供了唯一一组方法来管理具有不同作用域的属性，这些方法在实现 JSP 自定义标签处理程序时非常有用
page	java.lang.Object，即 HttpJspBase	page	代表 JSP 页面对应的 Servlet 类实例
config	javax.servlet.ServletConfig	page	允许将初始化数据传递给一个 JSP 页面
exception	java.lang.Throwable，即 Exception	page	含有只能由指定的 JSP "错误处理页面" 访问的异常数据

在选择范围时，应遵循如下原则：
- 如果数据只在一个页面使用，则用 page 范围。
- 如果数据在多个页面使用，则用 session 范围。
- 如果数据在多个请求中使用，则用 request 范围。
- 如果数据在多个 session 中使用，则用 application 范围。

任务实现

常用的 JSP 内置对象有 out、request、response、session、application。

out 对象可以向客户端浏览器输出信息。

request 对象用于封装客户端的请求信息，通过调用相应的方法可以获取客户端提交的信息。

response 对象可以实现页面跳转。

session 对象用于进行访问控制。

application 对象类似于系统的全局变量，用于实现用户之间的数据共享。

同步实训任务单

实训任务单

任务名称	辨识 JSP 内置对象的使用场景		
训练要点	常用 JSP 内置对象的使用		
需求说明	请列举常用 JSP 内置的使用场景		
完成人		完成时间	
实训步骤			

任务小结

JSP 内置对象是指不需要 JSP 页面编写者来实例化，在所有的 JSP 页面中都可以直接使用并由 JSP 容器实现和管理的组件，它起到了简化页面的作用。JSP 内置对象被广泛应用于获取客户端数据、输出信息、保存数据等操作中。

2.3 任务三 使用 out 对象输出信息

问题引入

out 对象是常用的 JSP 内置对象之一，通过 out 对象可以向客户端浏览器输出信息，并且管理应用服务器上的输出缓冲区。那么如何使用 out 对象呢？

实现思路

在 JSP 文件中使用 out 对象的 print() 或 println() 方法可在页面上输出信息。

知识链接

1. 向客户端输出数据

out 对象一个最基本的应用就是向客户端浏览器输出信息。out 对象可以输出各种数据类型的数据，在输出非字符串类型的数据时会自动转换为字符串进行输出。

out 对象提供了 print() 和 println() 两种向页面中输出信息的方法，不同的是 println() 还在后面添加一个空行，不过这个空行被浏览器解析时忽略。

2. 管理缓冲区

out 对象的一个重要功能就是对缓冲区进行管理，表 2-4 列出了 out 对象管理缓冲区的方法。

表 2-4 out 对象管理缓冲区的方法

方法	说明
void clear()	清除缓冲区的内容，但不把数据输出到客户端
void clearBuffer()	清除缓冲区的当前内容，并把数据输出到客户端
void close()	关闭输出流，清除所有的内容
void flush()	立即输出缓冲区里的数据
int getBufferSize()	返回缓冲区以字节数表示的大小（KB），如不设缓冲区则为 0
int getRemaining()	返回缓冲区中剩余空间的大小
boolean isAutoFlush()	返回缓冲区满时是自动清空还是抛出异常。若返回 true，则缓冲区满时是自动清空；若返回 false，则缓冲区满时抛出异常

任务实现

使用 out 对象向页面输出数据。

清单 2-9 out1.jsp。

```
<%@ page language="java" contentType="text/html; charset=GBK"
  pageEncoding="GBK"%>
<!DOCTYPE html PUBLIC "-//W3C//DTD HTML 4.01 Transitional//EN""http://www.w3.org/TR/html4/loose.dtd">
<html>
<head>
  <title>使用out对象案例1</title>
</head>
<body>
  <%
  out.print("使用out对象的print()方法输出信息。");
  out.println("使用out对象的println()方法输出字符串。");
  out.println("实现换行了<br>");
  out.print("<br>");
  out.print(3.14159);
  %>
  <br>
  <%="这是使用表达式输出" %>
</body>
</html>
```

本案例的运行效果如图 2-4 所示。可见在使用 print() 方法和 println() 方法向页面输出信息时并不能很好地区分出两者的区别，为了能真正实现在页面中换行，需要通过

print("<br>") 或 println("<br>") 方法实现。通过 out 对象的 print() 和 println() 方法向客户端浏览器输出信息与使用 JSP 表达式输出信息相同。

图 2-4　案例运行结果

▶同步实训任务单

实训任务单

任务名称	使用 out 对象输出当前日期和时间		
训练要点	out 对象的使用		
需求说明	在页面上使用 out 对象输出当前日期和时间（"年-月-日 时:分:秒" 格式）		
完成人		完成时间	
小提示	// 设置日期时间格式 SimpleDateFormat df=**new** SimpleDateFormat("yyyy-MM-dd HH:mm:ss");		
实训步骤			

▶任务小结

out 对象提供了 print() 和 println() 两种向页面中输出信息的方法，out 对象可以输出各种数据类型的数据，在输出非字符串类型的数据时会自动转换为字符串进行输出。使用方法为：

　　out.print(常量或变量);
　　out.println(常量或变量);

2.4　任务四　获取客户端请求数据

▶问题引入

动态网页具有交互性，而能够处理客户端请求是与用户进行信息交互的基础。那么服务器是如何获取客户端请求数据的呢？

实现思路

request 对象是 JSP 中最常用的对象之一,用于封装客户端的请求信息,通过调用相应的方法可以获取客户端提交的信息。用户可以使用 HTML 表单提交客户端数据,也可以采用请求参数的方式将客户端数据提交给服务器。下面通过案例来深入学习如何使用 request 对象的相关方法来获取表单数据及请求参数。

知识链接

1. Web 网页中的表单格式

用户通常使用 HTML 表单向服务器的某个 JSP 页面提交信息,表单的一般格式为:

```
<form method="get/post" action="表单要提交到的地点">
    [接收数据的表单组件]
    [数据提交控件]
</form>
```

若采用 post 方式:post 方式会将表单的内容通过 HTTP 发送,在地址栏中看不到表单的提交信息,而且使用 post 方式发送信息没有字符长度的限制。

若采用 get 方式:表单内容经过编码之后通过 URL 发送(可以在地址栏中看到表单信息,不安全,一般不建议使用 get 方式),使用 get 方式发送信息时有 255 个字符的长度限制。

2. 获取 HTML 表单提交的数据

使用 request 对象的 getParameter() 方法获得上一个页面表单中文本框、密码框、单选按钮、下拉框所提交的单个参数值,使用 request 对象的 getParameterValues() 方法获得上一个页面中复选框所提交的多个参数值。

使用方法:

```
request.getParameter("表单组件名");           //获取单个值
request.getParameterValues("表单组件名");     //获取多个值
```

表单中输入或选择的数据有可能是中文的,为了避免出现乱码问题,需要使用 request 对象的 setCharacterEncoding() 方法指定请求的编码方式,一般为 GBK 或 UTF-8。调用 request 对象的 setCharacterEncoding() 方法的语句一定要在页面中没有调用任何 request 对象的方法时才能使用,否则该语句不起作用。

处理表单中中文数据的方法:

```
request.setCharacterEncoding("GBK");        //表单中中文数据的处理
```

3. 请求参数

在表单中采用 get 方式提交数据时,在地址栏中显示的地址为:

```
http://localhost:8080/MyWeb/ch02/doreg.jsp?uname=greatwall&pwd=123456&sex=male&study=%B2%A9%CA%BF&like=%B3%AA%B8%E8&like=%D4%C4%B6%C1
```

我们发现客户端要传递给目标文件的数据在"?"后面,也就是数据和目标文件之间用"?"隔开,数据的格式为"请求参数名=参数值"。

如果有多个请求参数要传递,则多个参数值对之间通过"&"分隔。

4. 获取访问请求参数

request 对象用于处理 HTTP 请求中的各项参数。在这些参数中,最常用的就是获取访问请求参数。使用请求参数形式传递数据的方法通常用在超链接中,当传递数据不多时可以直接通过链接来实现。

使用方法：

request.getParameter("请求参数名");

使用超链接进行数据传递时采用 get 方式提交请求，如果在传递数据中存在中文，由于请求参数采用的是 ISO-8859-1 编码，不支持中文，若使用 request 对象直接获取时容易产生乱码问题，因此需要对获取的数据重新进行编码。由于使用 request 对象获取的数据类型均是 String 类型，因而可以将获取到的数据通过 String 构造方法使用 UTF-8 或 GBK 编码重新构造一个 String 对象，这样才可以正确显示出中文。

解决请求参数中中文数据的代码：

new String(request.getParameter("请求参数名").getBytes("ISO-8859-1"),"UTF-8") ;

任务实现

2.4.1 获取客户端表单数据

【例 2-3】用户在图 2-5 所示的注册页面 reginput.jsp 中填写注册信息，单击"提交"按钮后显示输入的注册信息，如图 2-6 所示。

图 2-5 输入注册信息

图 2-6 页面提交后显示注册信息

实现步骤如下：

（1）编写 reginput.jsp 页面，包含注册表单，该表单数据提交到 doreg.jsp 页面。

清单 2-10　reginput.jsp。

```
<%@ page language="java" contentType="text/html; charset=GBK"
pageEncoding="GBK"%>
<html>
<head>
  <meta http-equiv="Content-Type" content="text/html; charset=GBK">
  <title>注册页面</title>
</head>
<body>
  请填写注册信息：<br>
  <form action="doreg.jsp" method="post">
  用户名：<input type="text" name="uname"><br>
  密  码：<input type="password" name="pwd"><br>
  性  别：<input type="radio" name="sex" value="male">男<input type="radio" name="sex" value="female">女<br>
  学  历：<select name="study">
```

```
            <option value="本科">本科</option>
            <option value="硕士">硕士</option>
            <option value="博士">博士</option>
          </select><br>
          爱  好：<input type="checkbox" name="like" value="唱歌">唱歌
          <input type="checkbox" name="like" value="跳舞">跳舞
          <input type="checkbox" name="like" value="阅读">阅读
          <input type="checkbox" name="like" value="旅游">旅游<br>
          <input type="submit" value="提交">  <input type="reset" value="清空">
        </form>
      </body>
    </html>
```

（2）编写 doreg.jsp 页面，用于获取 reginput.jsp 页面中填写的注册信息并显示。

清单 2-11   doreg.jsp。

```
<%@ page language="java" contentType="text/html; charset=GBK"
    pageEncoding="GBK"%>
<html>
<head>
    <title>输出注册信息</title>
</head>
<%
request.setCharacterEncoding("GBK");           //设置请求的编码，解决乱码问题
String name=request.getParameter("uname");
String password=request.getParameter("pwd");
String xb=request.getParameter("sex");
String xl=request.getParameter("study");
String ah[]=request.getParameterValues("like");   //获取多选项的值
%>
<body>
表单中输入的内容为：<br>
用户名：<%=name %><br>
密码：<%=password %><br>
性别：<%=xb %><br>
学历：<%=xl %><br>
爱好：<% if(ah!=null){
    for(int i=0;i<ah.length;i++)
    out.print(ah[i]+"  ");
} %><br>
</body>
</html>
```

reginput.jsp 中表单信息提交至 doreg.jsp 文件处理，图 2-7 所示就是采用 post 方式发送信息并使用 doreg.jsp 接收信息后的页面。

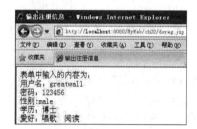

图 2-7   采用 post 方式发送信息

若把 reginput.jsp 中表单信息的发送方式改为 get（即 method="get"），则页面如图 2-8 所示。

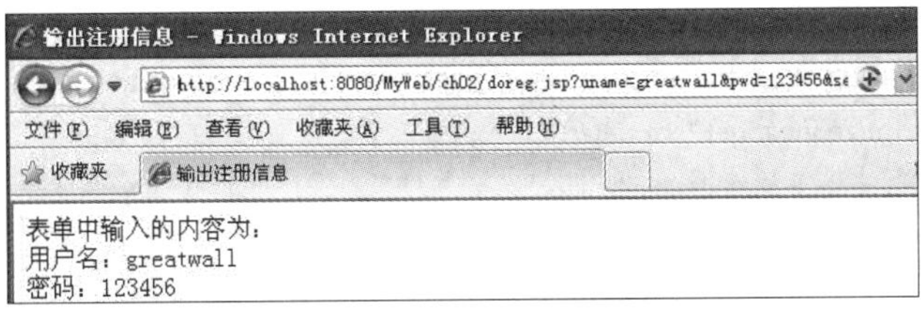

图 2-8 采用 get 方式发送信息

doreg.jsp 中使用 getParameter ("uname") 方法可以获取到一个字符串，其中 uname 为表单控件的名称；使用 getParameterValues("like") 方法可以获取到一个字符串数组，这个数组中存储的就是所有选中的复选项对应的值。

2.4.2 获取超链接传递的请求参数

获取超链接
传递的请求参数

【例 2-4】进行翻页时，通过超链接传递当前页码。

```
<a href="index.jsp?page=<%=prep %>">上一页</a><br>
<a href="index.jsp?page=<%=nextp %>">下一页</a>
```

当点击上一页超链接时，会打开 index.jsp 页面，同时通过 page 参数传递当前页码（表达式 prep 的值），于是可以在 index.jsp 中使用 request 对象的 getParameter() 方法获得传递的 page 参数的值，具体代码如下：

```
<% String p=request.getParameter("page");%>
```

在使用 request 对象的 getParameter() 方法获得传递的参数值时，如果指定的参数不存在，将返回 null；如果指定了参数名，但未指定参数值，将返回空的字符串 ""。

【例 2-5】处理获取请求参数时的乱码问题。

（1）编写 req1.jsp 页面，包含一个超链接，通过该链接传递若干参数，其中包含中文参数值。

清单 2-12　req1.jsp。

```
<%@ page language="java" contentType="text/html; charset=UTF-8"
    pageEncoding="UTF-8"%>
<html>
<head>
    <title>超链接传递参数</title>
</head>
<body>
    <a href="req2.jsp?user=王&id=2">到req2.jsp</a>
</body>
</html>
```

（2）编写 req2.jsp 页面，用于获取 req1.jsp 页面传递过来的请求参数并显示。

清单 2-13　req2.jsp。

```
<%@ page language="java" contentType="text/html; charset=UTF-8"
    pageEncoding="UTF-8"%>
<html>
<head>
```

```
<title>获取请求参数</title>
</head>
<body>
<%
String n=new String(request.getParameter("user").getBytes("ISO-8859-1"),"UTF-8");  //参数中中文处理
int id=Integer.parseInt(request.getParameter("id"));             //类型转换为int
%>
<%=n %><br>
<%=id %>
</body>
</html>
```

同步实训任务单

实训任务单

任务名称	获取用户留言数据
训练要点	request 对象的使用
需求说明	在留言管理系统中，用户要发表留言，请编写程序获取并在页面中显示用户提交的留言数据，系统运行效果如图 2-9 和图 2-10 所示 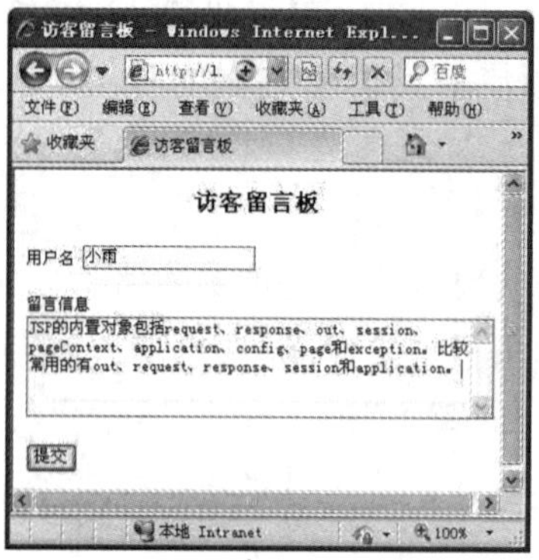 图 2-9　留言页面 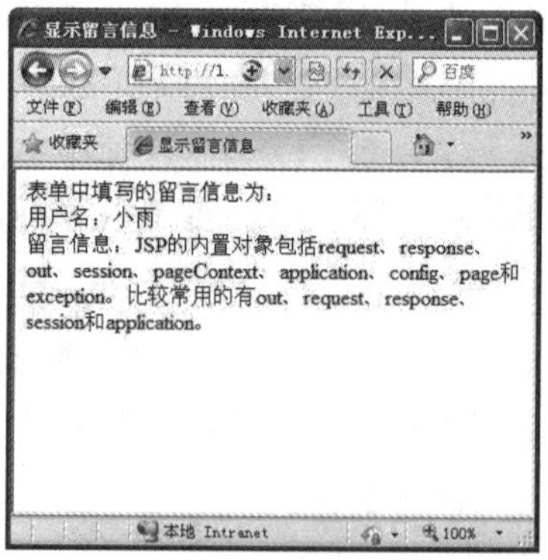　　　　图 2-10　显示留言页面
完成人	完成时间
实训步骤	

任务小结

request 对象的 getParameter() 方法获得上一个页面表单中文本框、密码框、单选按钮、下拉框所提交的单个参数值；request 对象的 getParameterValues() 方法获得上一个页面中复选框所提交的多个参数值。

获取的数据如果是中文，需要进行中文处理，否则无法正常显示中文。

2.5 任务五 实现页面跳转

实现页面跳转

问题引入

使用 JSP 处理客户端请求时一般遵循这样一种模式：首先，用户通过表单控件输入并提交信息或程序通过请求参数方式提交信息；然后，JSP 页面获得客户端的请求数据并进行处理；最后，JSP 页面根据处理结果转向不同的结果页面。获取客户端请求信息使用 request 对象的 getParameter() 方法或 getParameterValues() 方法，那么如何实现页面转向呢？

实现思路

在 JSP 中可以使用重定向及转发方式来实现页面转向。

知识链接

1. 转发与重定向

转发简单地说就是通过一个中介将甲方的请求传递给乙方。从程序运行的角度解答就是当客户端发送一个请求到服务器后，Web 服务器调用内部的方法在容器内部完成请求处理和转发动作，然后将目标资源发送给浏览器，整个过程都是在一个 Web 容器内完成，因而可以共享 request 范围内的数据。而对于客户端，不管服务器内部如何处理，作为浏览器都只是提交了一个请求，因而客户端的 URL 地址不会发生改变。使用 request 的 getRequestDispatcher() 方法可以实现转发，通过转发能在多个页面交互过程中实现请求数据的共享。

使用 response 对象的 sendRedirect() 方法可以实现重定向。重定向是指客户端重新向服务器请求一个地址链接，由于是发送新的请求，因而上次请求中的数据将随之丢失。由于服务器重新定向了 URL，因而在客户端浏览器中显示的是新的 URL 地址，所以重定向可以理解为是浏览器至少提交了两次请求。

转发和重定向都能实现页面的跳转，它们的区别如表 2-5 所示。

表 2-5 转发和重定向的区别

名称	使用的对象	发挥作用的位置	地址栏情况	数据共享
重定向	response	客户端	显示转向后的地址	不共享 request 范围内的数据
转发	request	服务器端	不显示目标地址	共享 request 范围内的数据

2. 使用 response 对象实现重定向

response 对象用于响应客户请求并向客户端输出信息，sendRedirect () 方法是 response 对象最常用的方法，用来将请求重定向到一个不同的 URL 上。sendRedirect () 方法的语法格式为：

response.sendRedirect(String path);

path：用于指定目标路径，可以是相对路径，也可以是不同主机的其他 URL 地址。

3. 使用 request 对象实现转发

使用 request 的 getRequestDispatcher() 方法可以实现转发。通过转发能在多个页面交互过程中实现请求数据的共享。

任务实现

【例 2-6】模拟用户登录，登录成功跳转到欢迎页面，登录失败跳转到登录页面。

实现步骤如下：

（1）编写 login.jsp 页面，包含登录表单，表单数据提交到 dologin.jsp 页面，如图 2-11 所示。

图 2-11　login.jsp 页面

清单 2-14　login.jsp。

```
<%@ page language="java" contentType="text/html; charset=UTF-8"
    pageEncoding="UTF-8"%>
<html>
<head>
    <title>用户登录</title>
</head>
<body>
    请输入用户名和密码：
    <form action="dologin.jsp" method="post">
        用户名：<input type="text" name="uname"><br>
        密  码：<input type="password" name="pwd"><br>
        <input type="submit" value="登录"><input type="reset" value="重置">
    </form>
</body>
</html>
```

（2）编写 dologin.jsp 页面，用来获取登录表单中的数据并验证用户名和密码，根据验证的结果进行跳转。

清单 2-15　dologin.jsp。

```
<%@ page language="java" contentType="text/html; charset=UTF-8"
    pageEncoding="UTF-8"%>
<html>
    <head>
        <title>登录处理</title>
    </head>
    <body>
        <%request.setCharacterEncoding("utf-8");
        String name=request.getParameter("uname");
        String pwd=request.getParameter("pwd");
        if(name.equals("张三")&&pwd.equals("123")) response.sendRedirect("welcome.jsp");
```

```
    else response.sendRedirect("login.jsp");
    %>
  </body>
</html>
```

清单 2-16　welcome.jsp。

```
<%@ page language="java" contentType="text/html; charset=UTF-8"
  pageEncoding="UTF-8"%>
<html>
  <head>
    <title>登录成功</title>
  </head>
  <body>
    <%String name=request.getParameter("uname"); %>
    欢迎<%=name %>！
  </body>
</html>
```

当输入正确的用户名及密码时，本案例的运行效果如图 2-12 所示。可见重定向显示转向后的地址，但不共享 request 范围内的数据。

图 2-12　welcome.jsp 页面

【例 2-7】修改 dologin.jsp，使用转发方式实现例 2-6 的功能。

仅需修改例 2-6 中的 dologin.jsp 代码，如清单 2-17 所示。

清单 2-17　修改后的 dologin.jsp 代码。

```
<%@ page language="java" contentType="text/html; charset=UTF-8"
  pageEncoding="UTF-8"%>
<html>
  <head>
    <title>登录处理</title>
  </head>
  <body>
    <%request.setCharacterEncoding("utf-8");
    String name=request.getParameter("uname");
    String pwd=request.getParameter("pwd");
    if(name.equals("张三")&&pwd.equals("123"))
        request.getRequestDispatcher("welcome.jsp").
        forward(request,response);
    else response.sendRedirect("login.jsp");
    %>
  </body>
</html>
```

当输入正确的用户名及密码时，本案例的运行效果如图 2-13 所示。可见转发不显示转向后的地址，但共享 request 范围内的数据。

图 2-13　使用转发后的欢迎页面

同步实训任务单

实训任务单

任务名称	猜数游戏
训练要点	request 和 response 对象的使用
需求说明	编写 JSP 程序，实现猜数功能。系统随机生成一个 1～100 之间的整数，要求用户在输入框中输入数进行游戏，根据判断的结果转向不同的页面，若没猜对，继续猜数。系统运行效果如图 2-14 至图 2-17 所示。 图 2-14　猜数游戏首页　　图 2-15　猜小了页面 图 2-16　猜大了页面　　图 2-17　猜对了页面
完成人	完成时间
小提示	实现该游戏功能需要以下 5 个页面： ● guess.jsp 页面：效果如图 2-14 所示，在此页面中生成随机整数 (int)(Math.random()*100)+1，通过表单传递此随机整数到其他页面中 ● control.jsp 页面：获取 guess.jsp 页面输入的数，同传递过来的随机数进行比较，转向不同的页面 ● smaller.jsp 页面：效果如图 2-15 所示 ● larger.jsp 页面：效果如图 2-16 所示 ● ok.jsp 页面：效果如图 2-17 所示 在 control.jsp、smaller.jsp 和 larger.jsp 这些页面间共享请求数据（随机数）
实训步骤	

任务小结

JSP 处理客户端请求时一般遵循这样一种模式：首先，用户通过表单控件输入并提交信息或程序通过请求参数方式提交信息；接着，JSP 页面获得客户端的请求数据并进行处理；最后，JSP 页面根据处理结果转向不同的结果页面。

使用 request 的 getRequestDispatcher() 方法可以实现转发，通过转发能在多个页面交互过程中实现请求数据的共享。使用 response 对象的 sendRedirect() 方法可以实现重定向，数据不共享。

2.6 任务六 实现访问控制

问题引入

我们在使用百度文库时，当想下载某文档时，系统会自动转入登录页面，提示用户登录后才能下载。当然，如果是已登录用户，就不会面临这样的问题了。那么，网络应用系统是如何判断用户是否已经登录了呢？也就是说，系统如何实现对网站的访问控制呢？

实现思路

通常情况下，用户登录后的整个访问过程都会用到用户登录信息，JSP 的 session 对象能在一段时间内保存用户的登录信息，所以通常会在用户登录之后把用户信息保存在 session 中。而在其他页面中访问 session 中的用户信息即可实现访问控制。

知识链接

1. 访问控制流程

系统进行访问控制有两种情形，如图 2-18 和图 2-19 所示。

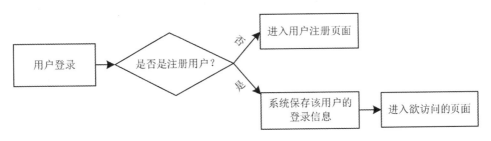

图 2-18 访问控制流程（1）

HTTP 协议是一种无状态的协议，也就是说它不能有效地记录整个访问过程中的一些状态。JSP 提供了一套会话跟踪机制，该机制可以维持每个用户的会话信息，可以为不同的用户保存不同的数据。对 Web 开发来说，一个会话就是用户通过浏览器与服务器之间进行的一次通话，它包含浏览器与服务器之间的多次请求、响应过程。当浏览器关闭时，相应的用户会话结束。

图 2-19 访问控制流程（2）

JSP 中，session 内置对象用来存储有关用户会话的所有信息，一个用户对应一个 session，并且随着用户的离开 session 中的信息也会消失。访问控制就是使用 session 对象完成的。

2. 使用 session 对象保存信息

session 对象的 setAttribute() 方法用来保存用户信息，语法格式为：

session.setAttribute(String key,Object value);

key 表示键，value 表示值，value 必须是一个 Object 类型，该方法表示以键/值的方式将一个对象的值存放到 session 中去。

3. 使用 session 对象获取信息

session 对象的 getAttribute() 方法用来获取 session 对象中存放的对象的值，语法格式为：

(要强制转换的类型)session.getAttribute(String key);

key 表示键，该方法表示以键的方式获取 session 对象中存放的对象的值，此方法的返回值是一个 Object，必须要进行强制类型转换。

4. 从 session 中移除指定的对象

对于存储在 session 会话中的对象，如果想将其从 session 会话中移除，可以使用 session 对象的 removeAttribute() 方法，格式如下：

session.removeAttribute(String key);

key 表示键，该方法表示以键的方式移除 session 对象中存放的对象，一般用在注销登录功能中。

任务实现

【例 2-8】依据访问控制流程完善例 2-6 中的用户登录代码，用户登录成功后保存用户信息（用户名和密码）。

实现步骤如下：

（1）编写 User 类，该类在 entity 包下，用于存放用户名和密码。

清单 2-18　entity.User.java。

```
package entity;
public class User {
    private String name;
    private String password;
    public String getName() {
        return name;
    }
    public void setName(String name) {
```

```
      this.name = name;
   }
   public String getPassword() {
      return password;
   }
   public void setPassword(String password) {
      this.password = password;
   }
}
```

（2）编写 login.jsp 页面，为登录页面。

清单 2-19　login.jsp。

```jsp
<%@ page language="java" contentType="text/html; charset=UTF-8"
   pageEncoding="UTF-8"%>
<html>
  <head>
    <title>用户登录</title>
  </head>
  <body>
    请输入用户名和密码：
    <form action="dologin.jsp" method="post">
       用户名：<input type="text" name="uname"><br>
       密  码：<input type="password" name="pwd"><br>
       <input type="submit" value="登录"><input type="reset" value="重置">
    </form>
  </body>
</html>
```

（3）编写 dologin.jsp 页面，为登录处理页面，用来进行登录验证，依据访问控制流程，需要将成功登录的用户信息存放在 session 中，然后再转向欲访问的 welcome.jsp 页面。

清单 2-20　dologin.jsp。

```jsp
<%@ page language="java" contentType="text/html; charset=UTF-8"
   pageEncoding="UTF-8" import="entity.*"%>
<html>
  <head>
    <title>登录处理</title>
  </head>
  <body>
    <%request.setCharacterEncoding("utf-8");
    String name=request.getParameter("uname");
    String pwd=request.getParameter("pwd");
    User user=new User();
    user.setName(name);            //将用户名封装在user中
    user.setPassword(pwd);         //将密码封装在user中
    if(name.equals("张三")&&pwd.equals("123")) {
       //把user对象存放到session中去，它对应的键为loginuser
       session.setAttribute("loginuser",user);
       response.sendRedirect("welcome.jsp");
    }
    else response.sendRedirect("login.jsp");
    %>
```

```
        </body>
    </html>
```

【例 2-9】依据访问控制流程完善例 2-8，要求非登录的用户不能访问欲访问的 welcome.jsp 页面。

实现：仅需修改例 2-8 中的 welcome.jsp，增加清单 2-21 中加粗的代码部分。

清单 2-21　welcome.jsp。

```
<%@ page language="java" contentType="text/html; charset=UTF-8"
    pageEncoding="UTF-8" import="entity.*"%>
<html>
    <head>
        <title>登录成功</title>
    </head>
    <body>
        <%User user=(User)session.getAttribute("loginuser");          //获取用户对象
        if(user==null)response.sendRedirect("login.jsp");             //未登录的情况
        %>
        欢迎<%=user.getName() %>!
    </body>
</html>
```

清单 2-21 中的粗体部分即为判断 session 是否保存了用户登录信息。session 只存储已登录的用户信息。至此，访问控制已实现。现在可通过以下几步来验证访问控制的效果：

（1）直接在浏览器的地址栏中输入 URL，访问 welcome.jsp 页面。

（2）通过登录页面进入 welcome.jsp 页面。

（3）重新开启一个浏览器窗口，直接访问 welcome.jsp 页面。

同步实训任务单

实训任务单

任务名称	为留言管理系统增加访问控制		
训练要点	session 对象的使用		
需求说明	在留言管理系统中为后台管理页面增加访问控制		
完成人		完成时间	
小提示	编写 doLogin.jsp 页面，按照访问控制流程进行登录处理，使用 session 保存成功登录的用户对象，再转向后台管理页面（admin.jsp），代码参考例 2-8；在后台管理页面获取 session 中的用户对象并判断，若为空则进行登录，否则显示后台管理页面内容，代码参考例 2-9		
实训步骤			

任务小结

JSP 中，session 内置对象用来存储有关用户会话的所有信息，一个用户对应一个

session，并且随着用户的离开 session 中的信息也会消失。访问控制就是使用 session 对象完成的。

2.7 任务七 制作网页计数器

问题引入

在网站上经常可以见到网页计数器，用来统计网页被用户访问的次数，我们也来给留言管理系统增加网页计数器功能，该如何实现呢？

实现思路

在项目开发中经常使用 application 对象实现网页计数器，application 对象是 JSP 的内置对象，它类似于系统的全局变量，用于实现用户之间的数据共享。

知识链接

application 对象用于保存所有应用程序中的公有数据。它在服务器启动时自动创建，在服务器停止时销毁。与 session 对象不同的是，在 JSP 服务器运行时仅有一个 application 对象，当 application 对象没有被销毁时所有用户都可以共享它。与 session 对象相同的是 application 对象也有 setAttribute() 和 getAttribute() 方法。

任务实现

每次访问页面时，先获取 application 对象中保存的访问次数。如果没有获取到，表示页面是被第一次访问，将数字 1 保存到 application 对象中；如果获取到了，则将访问次数增 1，再次存储到 application 对象中，具体代码如清单 2-22 所示。

清单 2-22　application.jsp。

```jsp
<%@ page language="java" contentType="text/html; charset=UTF-8"
    pageEncoding="UTF-8"%>
<html>
  <head>
    <title>网页计数器</title>
  </head>
  <body>
    <%
    int num=0;        //定义一个保存访问次数的变量
    if(application.getAttribute("number")==null){//当用户第一次访问时
       num=1;
    }
    else {
       num=Integer.parseInt(application.getAttribute("number").toString());
       num=num+1;     //访问次数加1
    }
    out.println("该页面已被浏览了"+num+"次！");
    application.setAttribute("number",num);
```

```
        %>
    </body>
</html>
```

任务小结

application 对象用于保存所有应用程序中的公有数据。在 JSP 服务器运行时仅有一个 application 对象，当 application 对象没有被销毁时所有用户都可以共享它。

模块二小结

1．JSP 页面由静态内容、指令、表达式、小脚本、声明、标准动作、注释等元素构成。
2．在动态网页的开发中，HTML 表单是与用户交互信息的主要手段。
3．使用 JSP 处理表单请求时，一般遵循这样一种模式：
（1）用户通过表单控件输入并提交信息。
（2）JSP 页面获取表单数据，进行逻辑处理。
（3）JSP 页面根据处理结果转向不同的结果页面。
4．所谓内置对象就是由 Web 容器加载的一组类的实例，它不像一般的 Java 对象那样用 new 去获取实例，而是可以直接在 JSP 页面中使用的对象。
5．常用内置对象，如表 2-6 所示。

表 2-6　常用内置对象

名称	说明	常用方法
out	用于向客户端输出数据	println()、print()
request	用于客户端的请求处理	getParameter()、getParameterValues()、setCharacterEncoding()、getRequestDispatcher()
response	用于响应客户请求并向客户端输出信息	setCharacterEncoding()、sendRedirect()
session	用来存储有关用户会话的所有信息	setAttribute()、getAttribute()、removeAttribute()、invalidate()
application	类似于系统的全局变量，用于实现用户之间的数据共享	setAttribute()、getAttribute()

6．访问控制流程，如图 2-20 和图 2-21 所示。

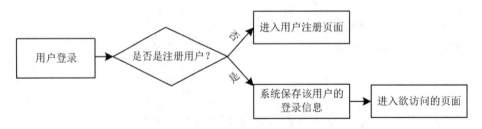

图 2-20　访问控制流程（1）

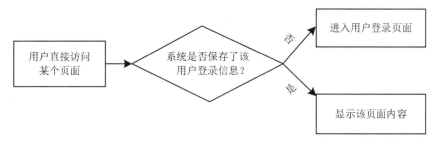

图 2-21　访问控制流程（2）

对 Web 开发来说，一个会话就是用户通过浏览器与服务器之间进行的一次通话，它包含浏览器与服务器之间的多次请求、响应过程。

习题二

一、填空题

1. JSP 中常用的内置对象有 request 对象、response 对象、session 对象、application 对象、out 对象等，其中 _____ 对象的生命周期为用户访问过程，_____ 对象的生命周期为站点运行的全过程，_____ 对象包含了一次请求中的所有信息，_____ 对象包含了响应请求的所有信息，_____ 对象用于输出其他对象信息。

2. 客户端通过表单 Form 向服务器提交数据有两种方法：_____ 和 _____。

3. 通过调用 request 对象的 getParameter() 方法返回的数据类型为 _____，通过调用 session 对象的 getAttribute() 方法返回的数据类型为 _____，通过调用 application 对象的 getAttribute() 方法返回的数据类型为 _____。

4. page 指令的属性 _____ 指明想要引入的包和类。

5. _____ 指令可用于包含另一个文件。

二、选择题

1. 下列选项中，（　　）是正确且客户端无法查看到的 JSP 注释。
   A．<-- 注释 -->　　　　　　　　B．<!-- 注释 -->
   C．<%-- 注释 -->　　　　　　　D．<%-- 注释 --%>

2. 给定如下 JSP 代码，在横线处编写语句（　　）可使程序运行后该页面输出结果是 1。
   ```
   <html>
   <% int count =1;%>
   _____
   </html>
   ```
   A．<%=++count %>　　　　　　B．<% ++count; %>
   C．<% count++; %>　　　　　　D．<%=count++ %>

3. 在 JSP 中，要在 page 指令中设置使用的脚本语言是 Java，且导入了 java.io 和 java.util 包，下列语句中正确的是（　　）。
   A．<%@ page language="java" import="java.io.*,java.util.*"%>
   B．<%@ page language="java" import="java.io, java.util "%>

C. <%@ page language="java" import="java.io" import="java.util"%>

D. <%@ page language="java"%>
<%@ page import="java.io.*,java.util.*"%>

4. 在 Web 应用程序中，编写公共的处理页面名为 manage.jsp，该页面包含在 Web 根目录下名为 util 的文件夹中，那么在 Web 根目录下的其他页面上引用该页面，则下列代码中正确的是（　　）。

    A. <% include file="util/manage.jsp"%>

    B. <%@ include file="util/manage.jsp"%>

    C. <%! include file="util/manage.jsp"%>

    D. <include file="util/manage.jsp">

5. 在 JSP 中，要定义一个方法，需要用到以下元素中的（　　）。

    A. <%= %>　　　　　　　　B. <% %>

    C. <%! %>　　　　　　　　D. <%@ %>

6. 在 JSP 页面中，下列（　　）表达式语句可以获取页面请求中名字为 title 的文本框的内容。

    A. <%=request.getParameter("title")%>

    B. <%=request.getAttribute("title")%>

    C. <%=request.getParameterValues("title")%>

    D. <%=request.getParameters("title")%>

7. 在用户登录的 JSP 页面上包含如下代码所示的表单，用户希望提交表单时在地址栏中不显示提交的信息，则应该在下划线处填写的代码是（　　）。

```
<form action="loginAction.jsp" name="loginForm" method="_____">
  用户名：<input type="text" name="name"/><br>
  密码：<input type="password" name="pwd"/>
  <input type="submit" value="登录"/>
</form>
```

    A. get　　　　　　　　　B. post

    C. 不填写任何内容　　　　D. 以上选项均可

8. 试图运行如下 JSP 代码，则以下说法正确的是（　　）。

```
<html>
<%
String str="hello ACCP";
session.setAttribute("title",str);
String getStr=session.getAttribute("title");
out.println(getStr);
%>
</html>
```

    A. 运行成功，页面上输出 hello ACCP

    B. 运行成功，页面上输出 title

    C. 代码行 session.setAttribute("title",str); 有错误，无法运行

    D. 代码行 String getStr=session.getAttribute("title"); 有错误，无法运行

9. 启动 IE 窗口运行如下 JSP 代码，如果连续刷新 5 次，输出的结果是 X，紧接着重新启动一个新的 IE 窗口运行该 JSP 代码，连续刷新 3 次，输出的结果是 Y，X 和 Y 的值

分别是（　　）。

```
<%@ page contentType="text/html;charset=GBK"%>
<html>
  <%
      Integer cnt=(Integer)application.getAttribute("hitcount") ;
      if(cnt= =null){
         cnt=new Integer(1);
      }else{
         cnt=new Integer(cnt.intValue()+1);
      }
      application.setAttribute("hitcount",cnt);
  %>
  <%=cnt%>
</html>
```

  A．5、8　　　　B．5、3　　　　C．1、2　　　　D．1、1

10．JSP 提供了一个可以在多个请求之间持续有效的内置对象（　　），该对象与浏览器一一对应。

  A．request　　　B．response　　　C．session　　　D．application

11．在 helloapp 应用中有一个 hello.jsp，它的文件路径为 WebContent/hello/hello.jsp，那么在浏览器端访问 hello.jsp 的 URL 是（　　）。

  A．http://localhost:8080/hello.jsp

  B．http://localhost:8080/helloapp/hello.jsp

  C．http://localhost:8080/helloapp/hello/hello.jsp

  D．http://localhost:8080/hello/hello.jsp

12．从 HTTP 请求中获得请求参数，应该调用（　　）。

  A．request 对象的 getAttribute() 方法

  B．request 对象的 getParameter() 方法

  C．session 对象的 getAttribute() 方法

  D．session 对象的 getParameter() 方法

13．在 helloapp 应用中 hello.jsp 和 welcome.jsp 在同一目录中，index.jsp 在应用的根目录中，index.jsp 使用下面的代码可以跳转到 hello.jsp 页面：request.getRequestDispatcher("/hello.jsp"). forward(request,response);，用下列方式中的（　　）代替上述代码后可以跳转到 welcome.jsp 页面。

  A．response.sendRedirect("/helloapp/welcome.jsp");

  B．response.sendRedirect("helloapp/welcome.jsp");

  C．response.sendRedirect("welcome.jsp");

  D．response.sendRedirect("/welcome.jsp");

14．下面关于 JSP 内置对象的说法中错误的是（　　）。

  A．request 对象可以得到请求中的参数

  B．session 对象可以保存用户信息

  C．application 对象可以被多个应用共享

  D．作用域范围从小到大是 request、session、application．

三、编程题

1. 编写 JSP 程序，计算 1+2+3+⋯+10 的和。
2. 编写静态页面用于输入年份，编写 JSP 程序用于判断该年是否是闰年。
3. 编写一个 JSP 页面，要求提供一个包含各职业名称的下拉列表框，让用户选择其职业，提交后，判断用户的职业是否是医生，如果是则跳转进入一个欢迎页面，如果不是则在页面上显示该用户的职业。
4. 编写一个 JSP 页面 luncknum.jsp，产生 0 ~ 9 之间的随机数作为用户幸运数字，将其保存到会话中并重定向到另一个页面 shownum.jsp 中，在该页面中将用户的幸运数字显示出来。提示：Math 类的 random() 方法生成 0.0 ~ 1.0 之间的随机数。

模块三　Java Web 数据库编程

模块简介

上一个模块介绍了 Java Web 编程技术，了解了 JSP 内置对象，包括 out、request、response、session 和 application 等，它们被广泛应用于获取客户端数据、输出信息、保存数据等操作中。

本模块将带领大家学习如何使用 MySQL 数据库管理系统进行数据管理；如何编写基本的 SQL 来管理表中的数据；如何使用 JDBC（Java 数据库连接技术）访问数据库，读写数据库中的数据；如何使用集合完成数据存储和遍历数据，为构建 Web 数据库应用系统奠定基础。

学习导航

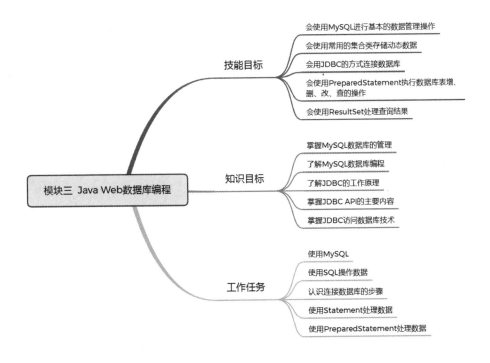

3.1　任务一　使用 MySQL

问题引入

MySQL 数据库已经安装并配置完成，如何使用就成为开发者迫切需要解决的问题。

实现思路

数据库和表的创建及维护都可以通过 MySQL 的界面工具 Navicat for MySQL 来实现，主要包括以下操作：

- 创建数据库。
- 创建、删除和修改表。
- 插入表数据。
- 备份和恢复数据库。

知识链接

1. MySQL 发展历史

MySQL 是一个关系数据库管理系统，由瑞典 MySQL AB 公司开发，目前属于 Oracle 公司。MySQL 作为流行的开源数据库系统，其历史最早可以追溯到 40 年前。

Michael "Monty" Widenius 在 1979 年为 TcX 公司设计了一个叫作 Unireg 的报表工具，它就是 MySQL 的雏形。Monty 为满足客户的一个项目需求，毅然重新设计整个系统。

1995 年 5 月 23 日 MySQL 的第一个内部版本发行了，1996 年对外公布了官方正式发行版（3.11.1）。

到 1998 年，MySQL 能够运行在 Solaris、FreeBSD、Linux、Windows 95 和 Windows NT 等 10 多种操作系统之上。

1999 年的冬天，发布了包含事务型存储引擎 BDB 的 MySQL 3.23。

在 2000 年的时候 MySQL 将许可改换成了 GPL 许可模式，也就是说商业用户也无需再购买许可证，这为 MySQL 的迅速流行打下了基础。同年，芬兰公司 Heikki 开始接触 MySQL AB，尝试将 Heikki 的存储引擎 InnoDB 整合到 MySQL 数据库中，2001 年推出正式结合版本 MySQL 4.0 Alpha。

2004 年 10 月，发布了经典的 4.1 版本，第一次使得 MySQL 支持子查询，支持 Unicode 和预编译 SQL 等功能。

2005 年 10 月，发布了里程碑的 MySQL 5.0 版本。在 5.0 中加入了游标、存储过程、触发器、视图、查询优化和分布式事务等，实现了"正常数据库管理系统"应当拥有的一整套功能。至此，MySQL 明确地表现出向高性能数据库发展的步伐。2008 年初，SUN Microsystems 用 10 亿美元收购了 MySQL。2009 年 4 月 Oracle 以 74 亿美元收购 SUN 公司，MySQL 转入 Oracle 门下。

2010 年 12 月，MySQL 5.5 发布，其主要新特性包括半同步的复制及对 SIGNAL/RESIGNAL 的异常处理功能的支持，InnoDB 存储引擎成为当前 MySQL 的默认存储引擎。

2. 关系数据库管理系统的特点

RDBMS（Relational Database Management System，关系数据库管理系统）的特点如下：

- 数据以表格的形式出现。
- 每行为各种记录名称。
- 每列为记录名称所对应的数据域。
- 许多的行和列组成一张表格。
- 若干的表格组成数据库（Database）。

3. MySQL 的特点

- 免费：MySQL 采用 GPL 许可，任何组织和个人，即使是使用在商业化产品中，只要符合 GPL 许可就都可以免费使用，大大降低了用户构建系统支付的软件许可成本。
- 开源：MySQL 作为 GPL 许可的开源软件，用户可以获取全部源代码，可以根据自己的需要添加或裁剪功能特性，同时也便于发现和修复安全漏洞，在灵活性和安全性上能够满足用户的特殊需求。
- 小巧方便：MySQL 体积小，即使是最新版本的 MySQL 安装包也只有数百兆大小，与 Oracle 和 SQL Server 等数据库动辄几个 GB 的安装包比起来要轻便得多，对系统资源的占用也要少得多。
- 高性能高可靠性：MySQL 的核心程序采用完全的多线程编程，用多线程和 C 语言实现的 MySQL 能充分利用 CPU 提供更卓越的性能。MySQL 拥有一个非常快速而且稳定的基于线程的内存分配系统，可以持续使用而不必担心其稳定性，因此 MySQL 罕有死机的情况发生，具有极高的可靠性。
- 跨平台多语言支持：MySQL 支持 AIX、HP-UX、Solaris、*BSD、Linux、Windows 等多种操作系统，可以灵活地跨平台部署和迁移；提供多种 API 接口，支持 C、C++、Java、PHP、Python、H5 等多种开发语言，对开发者友好。这些特性为用户系统的开发、部署和维护带来了极大的便利。

MySQL 作为流行的开源关系型数据库，在 2019 年 12 月最新的 db-engines 数据库流行度排行中仅次于 Oracle 位居次席，在所有开源数据库产品中排名第一。在市场使用率方面 MySQL 以 38.9% 的使用率高居榜首，在全球最大网站 Top20 中使用率高达 90%。

任务实现

3.1.1 创建数据库

创建数据库的必须是系统管理员或者是拥有 CREATE 权限的用户。在安装 MySQL 的过程中已经创建了系统管理员，名为 root，假设安装时设置的密码为 123456。

【例 3-1】创建一个数据库 CJ。

创建 CJ 数据库的步骤如下：

（1）创建连接。打开 Navicat for MySQL，新建连接，如图 3-1 所示，输入连接信息：输入连接名 MySQL57，输入主机名或 IP 地址、用户名和密码，单击"确定"按钮，如图 3-2 所示。连接成功后就可以创建连接名为"MySQL57"的连接。

使用 Navicat 创建、修改、删除数据库

图 3-1 新建 MySQL 连接

图 3-2 输入连接信息

（2）创建 CJ 数据库。右击连接名 MySQL57 并选择"新建数据库"，填写数据库信息，如图 3-3 和图 3-4 所示，单击"确定"按钮，CJ 数据库就创建成功了。

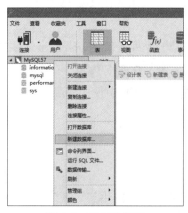   

图 3-3 新建数据库　　　　　　　　　　图 3-4 填写数据库信息

如果需要删除数据库，则选择数据库后右击，在弹出的快捷菜单中选择"删除数据库"，如图 3-5 所示，在弹出的对话框中单击"确定"按钮。

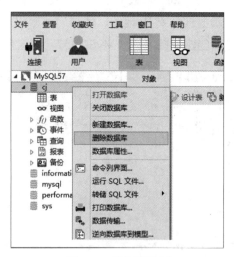

图 3-5 删除数据库

3.1.2　创建、删除和修改表

【例3-2】在数据库 CJ 中创建表 Persons。

在数据库中创建表的步骤如下：

（1）在窗口中展开 CJ 数据库，选中展开的表，单击"新建表"按钮，如图3-6所示。

使用 Navicat 创建、删除和修改表

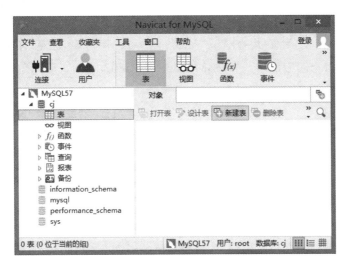

图 3-6　创建表（1）

（2）在栏位填写表的各列及数据类型，如图3-7所示，写完一栏后单击"添加栏位"按钮，可以完成下栏的填写。如果设置该栏为主键，可以选中该栏后单击"主键"按钮，如果该列是自动递增的，可以在下面选中"自动递增"复选项。

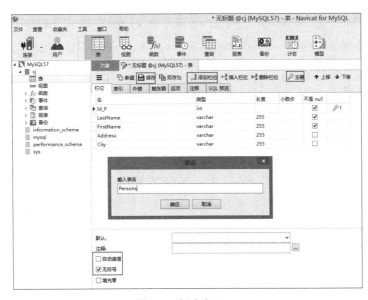

图 3-7　创建表（2）

（3）单击"保存"按钮，在弹出的对话框中输入表名 Persons，再单击"确定"按钮。

说明：MySQL 中的列类型有3种：数值型、日期/时间型和字符串型。

1）数值型。以下类型表示整型：

- TINYINT：适合存储非常小的正整数，该类型所表示的数的范围为带符号整数：-128～127，不带符号整数：0～255。

- **SMALLINT**：适合存储小整数，该类型所表示的数的范围为带符号整数：-32768～32767，不带符号整数：0～65535。
- **MEDIUMINT**：适合存储中等大小的整数，该类型所表示的数的范围为带符号整数：-8388608～8388607，不带符号整数：0～16777215。
- **INT**：适合存储标准整数，该类型所表示的数的范围为带符号整数：-2147483648～2147483647，不带符号整数：0～4294967295。
- **BIGINT**：适合存储大整数，该类型所表示的数的范围为带符号整数：-9223372036854775808～9233372036854775807，不带符号整数：0～18446744073709551615。

声明整型数据列时，可以为它指定显示宽度M（1～255），如INT(5)指定显示宽度为5个字符，如果没有给它指定显示宽度，MySQL会为它指定一个默认值。

以下类型表示小数：

- **FLOAT**：适合存储单精度浮点数，该类型所表示的数的范围为最小非零值：±1.175494351E-38，最大非零值：±3.402823466E+38。
- **DOUBLE**：适合存储双精度浮点数，该类型所表示的数的范围为最小非零值：±2.2250738585072014E-308，最大非零值：±1.7976931348623157E+308。
- **DECIMAL（M，D）**：以字符串形式表示的浮点数，它的取值范围可变，由M和D的值决定。

2）日期/时间型。

- **DATE**：表示日期型数据，支持的范围为'1000-01-01'～'9999-12-31'，在MySQL中以'YYYY-MM-DD'格式显示DATE值。
- **DATETIME**：表示日期时间型数据，支持的范围是'1000-01-01 00:00:00'～'9999-12-31 23:59:59'，在MySQL中以'YYYY-MM-DD HH:MM:SS'格式显示DATETIME值。
- **TIME**：表示时间类型，范围是'-838:59:59'～'838:59:59'，在MySQL中以'HH:MM:SS'格式显示TIME值。
- **YEAR[(2|4)]**：表示年份数据,其格式为2位或4位,默认是4位格式。在4位格式中，允许的值是1901～2155和0000；在2位格式中，允许的值是70～69，表示从1970年到2069年。在MySQL中以'YYYY'格式显示YEAR值。

3）字符串型。

- **CHAR(M)[BINARY|ASCII|UNICODE]**：表示固定长度字符串，当保存时在右侧填充空格以达到指定的长度。M表示列长度，M的范围是0～255个字符；BINARY属性是指定列字符集的二元校对规则；可以为CHAR指定ASCII属性，表示该字段使用latin1字符集；也可以为CHAR指定UNICODE属性，表示该字段使用ucs2字符集。
- **VARCHAR(M)[BINARY]**：表示变长字符串。M表示最大列长度，M的范围是0～65535，变长字符串是使用最多的数据类型之一。
- **BINARY(M)**：表示固定二进制字节字符串，与CHAR类型类似。
- **TEXT**：可变长度字符串，最多65535个字符。
- **BLOB**：用于存储二进制文件的字段类型，最大64KB。

【例3-3】在数据库 CJ 中删除 Persons 表。

选中要删除的表并右击，在弹出的快捷菜单中选择"删除表"（如图3-8所示），在弹出的对话框中单击"确定"按钮。

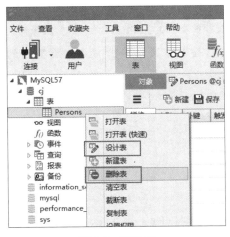

图 3-8　删除表

【例3-4】在数据库 CJ 中修改表 Persons。

选中要修改的表并右击，在弹出的快捷菜单中选择"设计表"（如图3-8所示），在弹出的对话框中进行修改，修改完成后单击"保存"按钮。

3.1.3　操作表数据

下面以对 CJ 数据库中的 Persons 表进行记录的插入、修改和删除操作为例来说明 Navicat for MySQL 操作表数据的方法。

使用 Navicat
操作表数据

【例3-5】使用界面工具在 Persons 中操作表数据。

在 Navicat for MySQL 中，双击 Persons 表进入右侧数据窗口，在此窗口中表中的记录按行显示，每个记录占一行。在此界面中，可以向表中插入记录，也可以删除和修改记录，如图3-9所示。窗口下方的 ➕ 表示增加一行数据，➖ 表示删除选中行的数据，✔ 表示保存数据，✖ 表示清除数据。直接双击要修改的数据行即可修改数据，修改完成后需要单击 ✔ 保存数据。

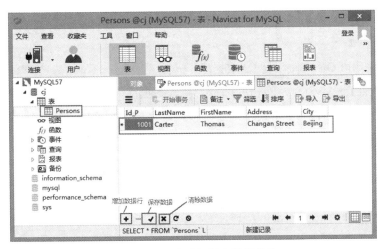

图 3-9　选择表进行插入数据操作

单击下方的 ℮ 按钮可以查看插入数据后的 Persons 表。

注意：

①在操作表数据时，若表的某列不允许为空值，则必须为该列输入值；若列允许为空值，那么可不输入该列值，在表格中将显示 NULL 字样。

②输入数据时要防止出现不必要的空格，否则检索数据时可能会出现遗漏。

③图片（BLOB 类型）的插入方法：单击 BLOB 类型列的文件夹图案，在弹出的文件夹选项中选择要插入的图片，然后单击"确定"按钮。图片的大小、格式要正确，一般 BLOB 类型的数据最大可为 64KB。

3.1.4 导出和导入数据库

1. 导出数据库

【例 3-6】导出 CJ 数据库。

打开 Navicat for MySQL，再打开 CJ 数据库，在 CJ 数据库上右击，在弹出的快捷菜单中选择"转储 SQL 文件"→"结构和数据"，如图 3-10 所示。在弹出的对话框中选择好保存位置，输入文件名，然后单击"保存"按钮，弹出"100%- 转储 SQL 文件"对话框，单击"关闭"按钮，表示导出数据库到指定位置成功，如图 3-11 所示。

图 3-10 导出数据库（1）

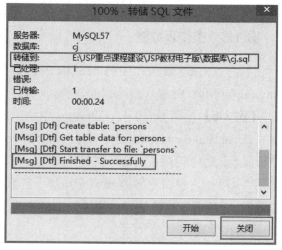

图 3-11 导出数据库（2）

2. 导入数据库

【例 3-7】使用 SQL 文件恢复 CJ 数据库。

打开 Navicat for MySQL，右击并选择"新建数据库"，名字与要导入的数据库的名字相同，字符集一般选 UTF-8，单击"确定"按钮，完成数据库的创建，然后在新建的数据库上右击并选择"运行 SQL 文件"，如图 3-12 所示。在提示框中选择文件所在的路径，编码保持一致选择 UTF-8，单击"开始"按钮，如图 3-13 所示。提示"Successfully"导入成功，如图 3-14 所示。可能在左侧看不到导入的数据库相关表，选中数据库并右击，在弹出的快捷菜单中选择"刷新"，就可以看到数据库中的相关表了。

图 3-12 导入数据库（1）

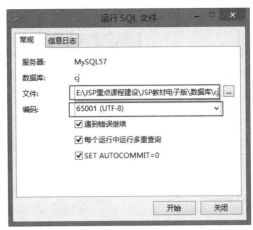
图 3-13 导入数据库（2）

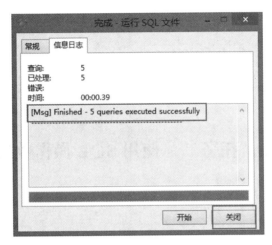
图 3-14 导入数据库（3）

同步实训任务单

实训任务单

任务名称	创建留言管理系统的数据库			
训练要点	MySQL 数据库的相关操作			
需求说明	根据模块一中数据库的设计为留言管理系统创建数据库及相关数据表			
完成人			完成时间	
小提示	在 MySQL 中创建 messageboard 数据库；创建 adminusers 表，表结构如表 3-1 所示；创建 message 表，表结构如表 3-2 所示；向两张表中各插入若干测试数据；备份、恢复 messageboard 数据库			

表 3-1 adminusers 表结构

字段名称	数据类型	字段长度	说明
id	int	10	自动编号
uname	varchar	20	用户名
pwd	varchar	20	密码

小提示

表 3-2 message 表结构

字段名称	数据类型	字段长度	说明
id	int	50	自动编号
message	varchar	300	留言内容
author	varchar	20	留言者
posttime	varchar	20	留言发表时间

实训步骤

任务小结

MySQL 是一个关系数据库管理系统,具有免费、开源、小巧方便、高性能高可靠性和跨平台使用等特点。使用 Navicat for MySQL 可以创建数据库、维护数据表、备份和还原数据。

3.2 任务二 使用 SQL 操作数据

问题引入

可以使用 SQL 来访问和操作数据库中的数据,那么 SQL 是什么？在 MySQL 数据库管理系统中如何使用 SQL 来管理数据库中的数据？

实现思路

使用 SQL 中的数据操纵语言来管理 MySQL 数据库数据,也就是增（INSERT）、删（DELETE）、改（UPDATE）、查（SELECT）语句。

知识链接

SQL 是 Structured Query Language（结构化查询语言）的缩写,是用于访问和处理数据库的标准的计算机语言。可以把 SQL 分为 3 类:数据操纵语言（DML）、数据定义语言（DDL）和数据控制语言（DCL）。在应用程序开发中数据操作应用比较普遍,在 SQL 中数据操纵主要是增、删、查、改操作,它们都有特定的语法。

创建数据库和表后,需要对表中的数据进行操作,包括插入、删除和修改。

1. 插入数据

INSERT INTO 语句用于向表格中插入新的行,INSERT 语句一般不会产生输出。可以使用以下几种方式插入数据:

- 插入完整的行。
- 插入指定的列。
- 插入多行。

使用 insert 语句
插入表数据

（1）插入完整的行。

语法 1：

INSERT INTO 表名称 VALUES (值1, 值2,...);

其中存储到每个表列中的数据在 VALUES 子句中给出，对每个列必须提供一个值。如果某个列没有值，应该使用 NULL 值（假定表允许对该列指定空值）。各个列必须以它们在表定义中出现的次序填充。

（2）插入指定的列。语法 1 比较简单，但并不安全，应该尽量避免使用。为此语法 2 提供了插入数据的另一种比较安全的方式。

语法 2（指定所要插入数据的列）：

INSERT INTO 表名称 (列1, 列2,...) VALUES (值1, 值2,...);

此语法中在表名称后面的括号里明确地给出了列名。在插入行时，MySQL 将用 VALUES 列表中的相应值填入列表中的对应项。VALUES 中的第一个值对应于第一个指定的列名，第二个值对应于第二个列名，依此类推。

因为提供了列名，VALUES 必须以其指定的次序匹配指定的列名，不一定按照出现在实际表中的次序。其优点是，即使表的结构改变，此 INSERT 语句仍然能正确工作。

（3）插入多行。

语法 3：

INSERT INTO 表名称 (列1, 列2,...) VALUES (第1行值1, 第1行值2,...),(第2行值1, 第2行值2,...),...(第n行值1, 第n行值2,...);

每组值用一对圆括号括起来，用逗号分隔各组。

2. 更新数据

UPDATE 语句用于更新（修改）表中的数据。

语法：

UPDATE 表名称 SET 列名称 = 新值 WHERE 列名称 = 值

UPDATE 语句以 WHERE 子句结束，它告诉 MySQL 更新哪一行，若没有 WHERE 子句，MySQL 将会更新表中的所有行。在更新多个列时，只需要使用单个 SET 命令，每个"列名称 = 值"对之间用逗号分隔（最后一列之后不用逗号）。

使用 update 语句
修改表数据

3. 删除数据

DELETE 语句用于删除表中的行。

语法：

DELETE FROM 表名称 WHERE 列名称 = 值

DELETE FROM 要求指定从中删除数据的表名，WHERE 子句过滤要删除的行，如果省略 WHERE 子句，则将删除表中所有的行，但是 DELETE 不删除表本身。

使用 delete 语句
删除表数据

4. 数据查询语句

SELECT 语句是最经常使用的 SQL 语句，它的用途是从一个或多个表中选取（查询）数据，由 SQL 查询语句获得的结果被存放在一个结果集中。可以使用以下几种方式来查询数据：

- 选择指定的列查询。
- 查询全部列。
- 限制查询结果。
- 排序查询。

使用 select 语句
查询表数据

- 条件查询。
- 使用聚合函数查询。
- 分组查询。

（1）选择指定的列查询。

语法：

SELECT 列名称 FROM 表名称

在选择多个列时，一定要在列名之间加上逗号，但最后一个列名后不加。

（2）查询全部列。

语法：

SELECT * FROM 表名称

给定一个通配符 *，则返回表中所有的列。列的顺序一般是列在表定义中出现的顺序。一般除非确实需要表中的每个列，否则最好不使用 * 通配符。虽然使用通配符会省事，不用明确列出所需的列，但检索不需要的列通常会降低检索和应用程序的性能。

（3）限制查询结果。

语法1：

SELECT 列名称 FROM 表名称 LIMIT row_count

为了限制被 SELECT 语句返回的行数，可以使用 LIMIT 子句，row_count 表示显示的记录数。

语法2：

SELECT 列名称 FROM 表名称 LIMIT offset, row_count

该语法表示返回从第 offset+1 条记录开始的 row_count 条记录。

（4）排序查询。使用 ORDER BY 子句能明确地对 SELECT 语句检索出的数据进行排序。

语法：

SELECT 列名称 FROM 表名称 ORDER BY 列名 [ASC|DESC]

ORDER BY 子句默认按照升序对记录进行排序，若希望按降序对记录进行排序，可以使用 DESC 关键字。ORDER BY 子句可取一个或多个列的名字，其中列名之间用逗号分开。

（5）条件查询。WHERE 子句用于提供查询条件，它必须紧跟在 FROM 子句之后。

语法1（比较运算）：

SELECT 列名称 FROM 表名称 WHERE 列 比较运算符 值

WHERE 子句中的比较运算符如表 3-3 所示。

表 3-3 比较运算符

比较运算符	说明
=	等于
!=	不等于
>	大于
<	小于
>=	大于等于
<=	小于等于

语法2（模式匹配）：LIKE 操作符用于在 WHERE 子句中搜索列中的指定模式。

SELECT 列名称 FROM 表名称 WHERE 列名称 LIKE 搜索模式

搜索模式是字面值、通配符或两者组合构成的搜索条件，SQL 通配符可以替代一个或多个字符，表 3-4 所示为 SQL 中的通配符。

表 3-4 SQL 中的通配符

通配符	描述
%	替代一个或多个字符
_	仅替代一个字符
[charlist]	字符列中的任何单一字符
[^charlist] 或者 [!charlist]	不在字符列中的任何单一字符

语法 3（范围比较）：用于范围比较的关键字有两个：BETWEEN 和 IN。当要查询的条件是某个值的范围时，可以使用 BETWEEN 关键字。BETWEEN ... AND 会选取介于两个值之间的数据范围，值可以是数值、文本或日期。

SELECT 列名称 FROM 表名称 WHERE 列名称 BETWEEN 值1 AND 值2

其中值 1 不能大于值 2，NOT BETWEEN ... AND 选取不在两个值之间的数据范围。

使用 IN 关键字可以指定一个值表，值表中列出所有可能的值，当与值表中的任一个匹配时即返回 TRUE，否则返回 FALSE。

SELECT 列名称 FROM 表名称 WHERE 列名称 IN (值1, 值2, ..., 值n)

语法 4：AND 和 OR 运算符用于基于一个以上的条件对记录进行过滤。AND 和 OR 可在 WHERE 子句中把两个或多个条件结合起来。AND 用来指示检索满足所有给定条件的行。OR 与 AND 不同，它指示 MySQL 检索匹配任一条件的行。

（6）使用聚合函数查询。SELECT 子句的表达式中还可以包含聚合函数。聚合函数的操作面向一系列的值，并返回一个单一的值。表 3-5 中列举了常用的聚合函数。

表 3-5 MySQL 常用的聚合函数

函数	说明
AVG()	返回某列的平均值
COUNT()	返回某列的行数
MAX()	返回某列的最大值
MIN()	返回某列的最小值
SUM()	返回某列值之和

语法：

SELECT 聚合函数名(列名称) FROM 表名称

（7）分组查询。分组是在 SELECT 语句的 GROUP BY 子句中建立的，使用 HAVING 子句来过滤分组。GROUP BY 语句用于结合聚合函数根据一个或多个列对结果集进行分组。GROUP BY 子句必须出现在 WHERE 子句之后，ORDER BY 子句之前。

语法：

SELECT 列名称, 聚合函数名(列名称) FROM 表名称[WHERE 列名称 操作符 值] GROUP BY
列名称 [HAVING 条件]

任务实现

【例3-8】向 Persons 表中插入新的行。

INSERT INTO Persons VALUES (1002,'Gates', 'Bill', 'Xuanwumen 10', 'Beijing')

例 3-8 的 SQL 语句高度依赖于表中列的定义次序，容易出错。

【例3-9】向 Persons 表的指定列中插入数据。

INSERT INTO Persons (id_p,firstname, LastName) VALUES (1003,'Jack','Wilson')

【例3-10】向 Persons 表中插入多行数据。

INSERT INTO Persons (id_p,firstname, LastName,City,address) VALUES (1004,'张','蓬蓬','上海','人民路100号'), (1005,'王','非', '太仓', '北京路145号')

插入数据后的 Persons 表如图 3-15 所示。

Id_P	LastName	FirstName	Address	City
1001	Carter	Thomas	Chang'an Street	Beijing
1002	Gates	Bill	Xuanwumen 10	Beijing
1003	Wilson	Jack	(Null)	(Null)
1004	蓬蓬	张	人民路100号	上海
1005	非	王	北京路145号	太仓

图 3-15 插入数据后的 Persons 表

说明：SQL 语句不区分大小写，因此 INSERT INTO 与 insert into 是相同的。许多 SQL 开发人员喜欢对所有 SQL 关键字使用大写，而对所有列和表名使用小写，这样做可使代码更易于阅读和调试。

【例3-11】更新 Persons 表中某一行中的一个列。

UPDATE Persons SET FirstName = 'Fred' WHERE LastName = 'Wilson'

【例3-12】更新 Persons 表中某一行中的若干列。

UPDATE Persons SET Address = 'Zhongshan 23', City = 'Nanjing' WHERE LastName = 'Wilson'

更新后的 Persons 表如图 3-16 所示。

Id_P	LastName	FirstName	Address	City
1001	Carter	Thomas	Chang'an Street	Beijing
1002	Gates	Bill	Xuanwumen 10	Beijing
1003	Wilson	Fred	Zhongshan 23	Nanjing
1004	蓬蓬	张	人民路100号	上海
1005	非	王	北京路145号	太仓

图 3-16 更新后的 Persons 表

【例3-13】删除 Persons 表中 City 为上海的行。

DELETE FROM Persons WHERE City='上海'

删除后的 Persons 表如图 3-17 所示。

Id_P	LastName	FirstName	Address	City
1001	Carter	Thomas	Chang'an Street	Beijing
1002	Gates	Bill	Xuanwumen 10	Beijing
1003	Wilson	Fred	Zhongshan 23	Nanjing
1005	非	王	北京路145号	太仓

图 3-17 删除后的 Persons 表

【例3-14】从 Persons 表中查询 LastName 和 FirstName 列的内容。

SELECT LastName,FirstName FROM Persons

查询结果如图 3-18 所示。

图 3-18　查询指定的列

【例 3-15】查询 Persons 表中的所有列。

SELECT * FROM Persons

查询结果如图 3-19 所示。

图 3-19　查询所有列

【例 3-16】使用 LIMIT 子句查询 Persons 表的前两行。

SELECT * FROM Persons LIMIT 2

查询结果如图 3-20 所示。

图 3-20　使用 LIMIT 子句查询 Persons 表的前两行

【例 3-17】目前 Persons 表中有 4 行数据，使用 LIMIT 子句进行分页查询，每页显示 2 行表数据，请查询出第 2 页的数据。

SELECT * FROM Persons LIMIT 2,2

查询结果如图 3-21 所示。

图 3-21　使用 LIMIT 子句进行分页查询

如果没有足够的行，MySQL 将只返回它能返回的行。

【例 3-18】查询 Persons 表中的所有数据，按 FirstName 列降序排列。

SELECT * FROM Persons ORDER BY FirstName DESC

查询结果如图 3-22 所示。

【例 3-19】在 Persons 表中选取居住在城市 Beijing 中的人。

SELECT * FROM Persons WHERE City='Beijing'

查询结果如图 3-23 所示。

信息 结果1 概况 状态

Id_P	LastName	FirstName	Address	City
1005	非	王	北京路145号	太仓
1001	Carter	Thomas	Chang'an Street	Beijing
1003	Wilson	Fred	Zhongshan 23	Nanjing
1002	Gates	Bill	Xuanwumen 10	Beijing

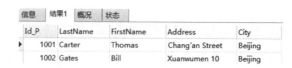

图 3-22　按 FirstName 列降序排列

信息 结果1 概况 状态

Id_P	LastName	FirstName	Address	City
1001	Carter	Thomas	Chang'an Street	Beijing
1002	Gates	Bill	Xuanwumen 10	Beijing

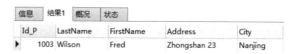

图 3-23　查询居住在城市 Beijing 中的人

SQL 使用单引号来环绕文本值（大部分数据库系统也接受双引号）。如果是数值，请不要使用引号。

【例 3-20】在 Persons 表中选取居住在以 N 开始的城市里的人。

```
SELECT * FROM Persons WHERE City LIKE 'N%'
```

查询结果如图 3-24 所示。

信息 结果1 概况 状态

Id_P	LastName	FirstName	Address	City
1003	Wilson	Fred	Zhongshan 23	Nanjing

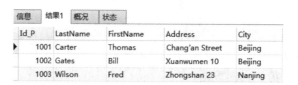

图 3-24　使用通配符进行查询

【例 3-21】在 Persons 表中选取 LastName 在 Carter 和 Wilson 之间的数据。

```
SELECT * FROM Persons WHERE LastName BETWEEN 'Carter' AND 'Wilson'
```

查询结果如图 3-25 所示。

信息 结果1 概况 状态

Id_P	LastName	FirstName	Address	City
1001	Carter	Thomas	Chang'an Street	Beijing
1002	Gates	Bill	Xuanwumen 10	Beijing
1003	Wilson	Fred	Zhongshan 23	Nanjing

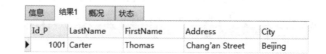

图 3-25　使用 BETWEEN ... AND 操作符进行查询

【例 3-22】在 Persons 表中选取 LastName 是 Carter、Wilson 或 Gates 的数据。

```
SELECT * FROM Persons WHERE LastName IN('Carter','Wilson', 'Gates')
```

【例 3-23】在 Persons 表中查询 FirstName 为 Thomas 或 William 并且 LastName 为 Carter 的数据行。

```
SELECT * FROM Persons WHERE (FirstName='Thomas' OR FirstName='William') AND
LastName='Carter'
```

查询结果如图 3-26 所示。

信息 结果1 概况 状态

Id_P	LastName	FirstName	Address	City
1001	Carter	Thomas	Chang'an Street	Beijing

图 3-26　使用 AND、OR 操作符进行查询

【例 3-24】返回 Persons 表的总记录数。

```
SELECT COUNT(*) AS 总记录数 FROM Persons
```

其中使用 AS 子句来定义查询结果的列的别名。聚合函数是高效设计的，它们返回结果的速度一般比在客户机应用程序中计算要快得多。

【例 3-25】依据 City 列统计各城市拥有的人数。
SELECT City, COUNT(id_p) AS 人数 FROM Persons GROUP BY City

同步实训任务单

实训任务单

任务名称	SQL 实训		
训练要点	SQL 的使用		
需求说明	有一个"学生课程"数据库，数据库中包括 3 个表，如表 3-6 至表 3-8 所示。		

表 3-6 学生表（Student）结构

字段名称	数据类型	字段长度	说明
Sno	varchar	10	学号，关键字
Sname	varchar	20	学生名
Ssex	varchar	10	性别
Sage	int		年龄
Sdept	varchar	30	所在系

表 3-7 课程表（Course）结构

字段名称	数据类型	字段长度	说明
Cno	varchar	10	课程号，关键字
Cname	varchar	30	课程名
Cpno	varchar	10	先修课程号
Ccredit	float		学分

表 3-8 成绩表（SG）结构

字段名称	数据类型	字段长度	说明
Sno	varchar	10	学号，关键字
Cno	varchar	10	课程号，关键字
Grade	float		成绩

用 SQL 语言实现以下功能：
- 使用 INSERT 语句为这三张表插入若干测试数据。
- 查询考试成绩有不及格的学生的学号。
- 修改一个学生的年龄为 22。
- 统计男生人数，查询最大年龄。
- 计算某课程的平均成绩。
- 查询计算机系男同学的姓名（Sname）、性别（Ssex）、年龄（Sage）。

完成人		完成时间	
实训步骤			

任务小结

SQL 是用于访问和处理数据库的标准的计算机语言，包括数据定义语言（CREATE －创建、ALTER －修改、DROP －删除表、DECLARE －声明）、数据操纵语言（SELECT －查询、DELECT －删除数据、UPDATE －更新、INSERT －插入）、数据控制语言（GRANT －权限、REVOKE －取消、COMMIT －提交、ROLLBACK －回滚）。在应用程序开发中数据操纵语言用得比较普遍。

MySQL 支持多种类型，大致可以分为 3 类：数值型、日期 / 时间型和字符串（字符）型。

3.3 任务三 认识连接数据库的步骤

连接数据库的步骤

问题引入

对于大多数 Web 应用程序来说，存储和检索数据都是其核心功能，因此掌握数据库的编程已成为软件开发人员的必备技能。在对数据库进行编程时，首先需要建立与数据库的连接，Java Web 开发中是如何连接数据库进行数据处理的呢？

实现思路

JDBC 是 Java Database Connectivity（Java 数据库连接技术）的简称。在 Java Web 开发中通过 JDBC 与数据库进行通信。在对数据库进行操作时，需要建立与数据库的连接。使用 JDBC 连接数据库需要以下几个步骤：

（1）加载 JDBC 驱动程序。
（2）提供 JDBC 连接的 URL。
（3）创建数据库的连接。
（4）创建 Statement 实例。
（5）执行 SQL 语句。
（6）处理结果。
（7）释放资源。

知识链接

1. JDBC 简介

JDBC 是一种 Java 数据库连接技术，能实现 Java 程序对各种数据库的访问，由一组用 Java 语言编写的类和接口组成，这些类和接口称为 JDBC API，它们位于 java.sql 和 javax.sql 包中。使用 JDBC 操作数据库，需要数据库厂商提供数据库的驱动程序。

从图 3-27 中可以看到 JDBC 在 Java 程序与数据库之间起一个桥梁的作用，有了 JDBC，Java 程序即可方便地与各种数据库进行交互。

JDBC API 由 SUN 公司提供，包含了 Java 应用程序与各种不同数据库交互的标准接口，如 Connection（连接）接口、Statement 接口、PreparedStatement 接口、ResultSet 接口等，如图 3-28 所示。

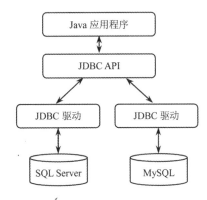

图 3-27　Java 程序与数据库的交互

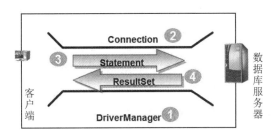

图 3-28　JDBC API

JDBC API 主要做三件事：与数据库建立连接、发送 SQL 语句、处理结果。

① DriverManager 类：负责依据数据库的不同管理不同厂商的 JDBC 驱动。

② Connection（连接）接口：负责连接数据库并承担传送数据的任务。

③ Statement 接口：由 Connection 产生，负责执行 SQL 语句。PreparedStatement 接口的作用与 Statement 接口类似。

④ ResultSet 接口：负责保存 Statement 执行后所产生的执行结果。

2. JDBC 驱动

JDBC 驱动程序由数据库厂商提供，解决应用程序与数据库通信的问题，基本上分为 JDBC-ODBC Bridge、JDBC-Native API Bridge、JDBC-middleware 和 Pure JDBC Driver 四种类型。通常 JDBC-ODBC Bridge 和 Pure JDBC Driver 是比较常用的方式。JDBC-ODBC Bridge 适用于个人的开发和测试，它通过 ODBC 与数据库进行连接。Pure JDBC Driver 直接同数据库进行连接，适合于生产型开发中。图 3-29 所示是两种连接方式的示意图。

说明：

① JDBC DriverManager 由 SUN 公司提供，能够管理各种不同的 JDBC 驱动。

② 纯 Java 驱动方式由 JDBC 驱动直接访问数据库，驱动程序完全由 Java 语言编写，运行速度快，具备跨平台特点，但这类 JDBC 驱动由各数据库厂商提供，因此访问不同的数据库需要下载数据库厂商提供的 JDBC 驱动程序 jar 包，并将 jar 放入工程中。例如连接 MySQL 的 JDBC 驱动类的名称为 com.mysql.jdbc.Driver，连接 SQL Server 的 JDBC 驱动类的名称为 com.microsoft.sqlserver.jdbc.SQLServerDriver。

③ 因为 JDK 中已经包括了 JDBC-ODBC 桥连的驱动接口，所以在 JDBC-ODBC 桥连时不需要下载 JDBC 驱动程序，只需要配置 ODBC 数据源。使用 JDBC-ODBC 桥连方式，

JDBC 驱动类的名称为 sun.jdbc.odbc.JdbcOdbcDriver。

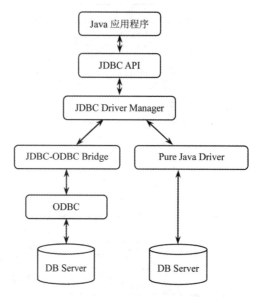

图 3-29 两种常用的驱动方式

3. JDBC URL

JDBC URL 提供了一种标识数据库的方法，可以使相应的 JDBC 驱动程序能识别数据库并与之建立连接。JDBC URL 的标准语法由三部分组成，各部分之间用冒号分隔，如下：

jdbc: 子协议: 数据源标识

说明：

①子协议：若是桥连接，则子协议为 odbc；若是纯 Java 驱动方式，则子协议为数据库管理系统名称。例如 MySQL 是 mysql，SQL Server 是 sqlserver。

②数据源标识：标记出数据库来源的地址与连接端口。

比如，MySQL 的连接 URL：

jdbc:mysql://localhost:3306/messageboard

localhost 为本地计算机名称，也可以使用数据库服务器的 IP 地址或 DNS 代替 localhost；messageboard 为数据库名。

SQL Server 的连接 URL：

jdbc:sqlserver://localhost:1433;DatabaseName= messageboard

任务实现

3.3.1 加载 JDBC 驱动程序

在连接数据库之前，先要加载相关数据库厂商提供的 JDBC 驱动类到 JVM（Java 虚拟机）。在 Java Web 开发中将厂商驱动包复制到 Web 项目的 WEB-INF/lib 下。

在代码模板中通过 java.lang.Class 类的静态方法 forName (String className) 实现加载 JDBC 驱动。如果系统中不存在给定的驱动类，则会引发 ClassNotFoundException 类型的异常。

加载 JDBC 驱动程序的代码为：
```
try {
    Class.forName("JDBC驱动类的名称");
} catch (ClassNotFoundException e) {
    System.out.println("JDBC驱动类未找到！");
    e.printStackTrace();
}
```

3.3.2 创建数据库的连接

java.sql.DriverManager（驱动程序管理器）类是 JDBC 的管理层，负责建立和管理数据库连接。使用 DriverManager 类的 getConnection(String url,String user,String password) 方法建立与数据库的连接，此方法有 3 个入口参数，依次为要连接数据库的 URL、用户名和密码，该方法的返回值类型为 java.sql.Connection。

【例 3-26】使用 JDBC API 建立与本地 MySQL 中 messageboard 数据库的连接。
```
String url="jdbc:mysql://localhost:3306/messageboard";
String username="sa";
String password="123456";
try{
    Connection con=DriverManager.getConnection(url, username , password);
}catch(SQLException e){
    System.out.println("数据库连接失败！");
    e.printStackTrace();
}
```

3.3.3 创建 Statement 实例

建立数据库连接的目的是与数据库进行通信，主要通过执行 SQL 语句方式进行通信。要执行 SQL 语句，先要通过上面步骤生成的 Connection 实例创建 java.sql.Statement 实例。常用的 Statement 实例有以下 3 种类型：

- Statement 实例：该类型的实例只能用来执行静态的 SQL 语句，具体实现代码为：

`Statement stmt=con.createStatement();`

- PreparedStatement 实例：该类型的实例增加了执行动态 SQL 语句的功能。动态 SQL 语句就是可以在 SQL 语句中提供参数，这样可以大大提高程序的灵活性和执行效率。

`PreparedStatement pstmt=con.prepareStatement("SELECT * FROM Persons WHERE City=?");`

- CallableStatement 实例：该类型的实例增加了执行数据库存储过程的功能。

`CallableStatement cstmt=con.prepareCall("{CALL demoSp(?,?)}");`

以上 3 种类型中 Statement 是最基本的，PreparedStatement 继承了 Statement，并作了相应的扩展，而 CallableStatement 又继承 PreparedStatement，继续进行了扩展，从而实现各自不同的功能。

3.3.4 执行 SQL 语句

Statement 接口中包含很多基本的数据库操作方法，下面是执行 SQL 语句的 3 个方法：

- int executeUpdate(String sql)：可以执行插入、删除、更新等操作，返回值是执行该操作所影响的行数。
- boolean execute(String sql)：这是一个最为一般的执行方法，可以执行任意 SQL 语句，然后获得一个布尔值，表示是否返回 ResultSet。
- ResultSet executeQuery(String sql)：可以执行 SQL 查询并获取到 ResultSet 对象。

说明：在实际开发过程中，如果涉及向 SQL 语句传递参数，最好使用 PreparedStatement 接口进行实现。PreparedStatement 接口直接继承并重载了 Statement 接口的方法，该接口用于执行动态的 SQL 语句。PreparedStatement 提供了 3 个执行方法：int executeUpdate()、boolean execute() 和 ResultSet executeQuery()，这 3 个方法的功能与对应的 Statement 接口相同，它们的区别是 PreparedStatement 的这 3 个方法中均不带任何参数。

3.3.5 处理结果

执行 SQL 语句的结果可能会出现以下两种情况：
- 执行 executeUpdate() 方法，返回的是本次操作影响到的记录数。
- 执行 executeQuery() 方法，返回的结果是一个 ResultSet 对象。

比较复杂的是第二种情况，返回的 ResultSet 对象包含符合 SQL 语句中条件的所有行，一般通过 ResultSet 对象的 next() 方法获取当前数据行，并通过一套 getXxx() 方法提供了对这些行中数据的访问。常用的 getXxx() 方法有 getString()、getInt()、getShort()、getLong()、getByte()、getFloat()、getDouble()、getBoolean()、getDate()、getTime() 和 getTimestamp()。

ResultSet 对象具有指向其当前数据行的游标（cursor，也称为记录指针），最初它被置于第一行之前。next() 方法将游标移动到下一行，使其成为当前行，当 ResultSet 对象中没有下一行时返回 false，因而可以在 while 循环中使用它来迭代结果集。

【例 3-27】处理查询 messageboard 数据库中 message 表的结果。

```
List list = new ArrayList();
while(rs.next()) {
  Message message = new Message();
  message.setId(rs.getInt("id"));    //将列数据设置为message对象的属性
  message.setMessage(rs.getString("message"));
  message.setAuthor(rs.getString("author"));
  message.setPostTime(rs.getString(4));    //参数4代表数据行的第4列
  list.add(message);    //将具有初始值的message对象添加到list集合对象中
}
```

3.3.6 释放资源

在建立 Connection、Statement（或 PreparedStatement）和 ResultSet 实例时均需占用一定的数据库和 JDBC 资源，所以每次访问数据库结束后应该及时销毁这些实例，释放它们占用的所有资源，这可以通过各实例的 close() 方法完成，关闭的顺序是声明顺序的反序：

（1）关闭 ResultSet 实例。
（2）关闭 Statement（或 PreparedStatement）实例。
（3）关闭 Connection 实例。

具体实现代码如下：

```java
/* 如果rs不空，关闭rs */
if(rs != null){
  try {
    rs.close();
  } catch (SQLException e) {
    e.printStackTrace();
  }
}
/* 如果pstmt不空，关闭pstmt */
if(pstmt != null){
  try {
    pstmt.close();
  } catch (SQLException e) {
    e.printStackTrace();
  }
}
/* 如果conn不空，关闭conn */
if(conn != null){
  try {
    conn.close();
  } catch (SQLException e) {
    e.printStackTrace();
  }
}
```

同步实训任务单

实训任务单

任务名称	读代码写连接数据库步骤
训练要点	掌握使用 JDBC 的方式连接数据库的步骤
需求说明	请在下列给定的代码上标示出连接数据库的 6 个步骤： `<%` `Connection con = null;` `Statement stmt = null;` `ResultSet rs = null;` `try {` `Class.forName("com.mysql.jdbc.Driver");` `con = DriverManager.getConnection("jdbc:mysql://localhost:3306/messageboard", "root", "123456");` `stmt = con.createStatement();` `rs = stmt.executeQuery("SELECT * FROM message");` `while (rs.next()) {` `%>` 作者 :`<%=rs.getString("author")%> ` `<%=rs.getString("message")%> ` 发表时间：`<%=rs.getString("posttime")%><hr>` `<%` `}` `} catch (ClassNotFoundException e) {` `e.printStackTrace();` `} catch (SQLException e) {` `e.printStackTrace();`

需求说明	``` } finally { if (rs != null) rs.close(); if (stmt != null) stmt.close(); if (con != null) con.close(); } %> ```		
完成人		完成时间	
实训步骤			

任务小结

JDBC 由类和接口组成，Java Web 数据库编程需要 4 个主要的接口：Driver、Connection、Statement、ResultSet，这些接口定义了使用 SQL 访问数据库的一般架构。

JDBC 操作数据库的步骤如下：

（1）加载 JDBC 驱动程序。
（2）提供 JDBC 连接的 URL。
（3）创建数据库的连接。
（4）创建 Statement 实例。
（5）执行 SQL 语句。
（6）处理结果。
（7）释放资源。

3.4 任务四　使用 Statement 处理数据

问题引入

关于 Java Web 数据库编程，频率最高的就是 CRUD 操作，即表记录的增加、查询、修改和删除。前面我们认识了 JDBC 访问数据库的步骤，在具体开发中如何实现留言管理系统中相关数据表的 CRUD 操作呢？

实现思路

在获得数据库连接后，可以通过 Statement 对象执行增、删、改、查相关 SQL 语句来实现对数据库中数据的操作。

知识链接

获取 Connection 对象之后就可以进行数据库操作了。使用 Connection 对象可以生成 Statement 实例。Statement 接口中包含很多基本的数据库操作方法：更新数据使用 executeUpdate(String sql) 方法，返回值是执行该操作所影响的行数；查询数据使用 executeQuery(String sql) 方法，返回值是 ResultSet 对象。

任务实现

3.4.1 添加数据

【例 3-28】实现留言管理系统中的发表留言功能。

发表留言功能的实现分为 4 个部分，如表 3-9 所示。在发表留言页面中填写留言，当留言发表成功后转向留言发表成功页面，否则转向错误页面，如图 3-30 至图 3-32 所示。

使用 Statement 添加数据

表 3-9 发表留言模块源文件列表

文件	所在位置	描述
index.jsp	\	发表留言页面
doadd.jsp	\	添加留言控制页面
addok.jsp	\	留言发表成功页面
error.jsp	\	显示错误信息页面

图 3-30 发表留言页面

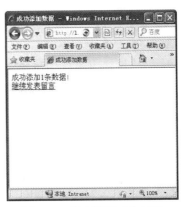

图 3-31 留言发表成功页面

图 3-32 添加失败页面

实现步骤如下：

（1）采用纯 Java 驱动方式访问 MySQL 数据库，需要下载 MySQL 的驱动程序并将驱动程序的一个 JAR 文件 mysql-connector-java-5.1.10-bin.jar 复制到 Web 项目的 WEB-INF\lib 下。

（2）编写 index.jsp 页面，其中放置发表留言的表单，表单提交到 doadd.jsp 页面进行处理。

清单 3-1　index.jsp 关键代码。

```html
<form method="post" action="doadd.jsp" onSubmit="return check()">
  <div class="f">
    <p>用户名
      <input class="all" type="text" name="uname" />
    </p>
    <p>留言信息
      <label>
        <textarea class="all" name="message" rows="5" cols="55"></textarea>
      </label>
    </p>
    <p><input type="submit" name="submitb" value="提交" /></p>
  </div>
</form>
```

（3）编写 doadd.jsp 页面，该页面获取表单提交的数据，依据连接数据库的步骤将发表的留言信息添加到 Message 表中，并根据数据操作结果进行页面跳转。

清单 3-2　doadd.jsp 关键代码。

```jsp
<%@ page language="java" contentType="text/html; charset=GBK"
  pageEncoding="GBK" import="java.sql.*,javax.sql.*,java.util.Date,java.text.*"%>
<%
request.setCharacterEncoding("GBK");
String author=(String)request.getParameter("uname");
String messagestr=(String)request.getParameter("message");
Connection conn = null;          //数据库连接
Statement stmt = null;           //定义Statement对象
int row=0;                       //受影响的记录行数
try{
    Class.forName("com.mysql.jdbc.Driver");     //加载驱动
    /*获得连接*/
    conn=DriverManager.getConnection("jdbc:mysql://localhost:3306/messageboard","root","123");
    stmt=conn.createStatement();                //生成Statement
    String sql="INSERT INTO message(message,author,postTime) VALUES ('"+messagestr+"','"+author+"','"+new SimpleDateFormat("yyyy-MM-dd").format(new Date())+"')";
    row=stmt.executeUpdate(sql);                //执行SQL语句
}catch (ClassNotFoundException e) {             //驱动未找到异常
    e.printStackTrace();
} catch (SQLException e) {                      //SQL异常
    e.printStackTrace();
} finally{//关闭JDBC对象
    if(stmt != null){
        try { stmt.close();} catch (SQLException e) {e.printStackTrace();}
    }
    if(conn != null){
        try { conn.close();} catch (SQLException e) {e.printStackTrace();}
```

```
        }
    }
    if(row>0)response.sendRedirect("addok.jsp");        //插入成功转向addok.jsp
    else {
        session.setAttribute("error","添加失败！");      //保存失败信息
        response.sendRedirect("error.jsp");             //插入失败转向error.jsp
    }
%>
```

在 Message 表中，由于 id 值设置了自动编号，所以不需要插入 id 列。凡使用到 JDBC API 的页面需要导入 java.sql.* 和 javax.sql.*，另外需要对两类异常：ClassNotFoundException 和 SQLException 进行处理。

（4）编写 addok.jsp 和 error.jsp。

清单 3-3　addok.jsp。

```
<%@ page language="java" contentType="text/html; charset=UTF-8"
    pageEncoding="UTF-8"%>
<html>
  <head>
    <meta http-equiv="Content-Type" content="text/html; charset=UTF-8">
    <title>成功添加数据</title>
  </head>
  <body>
    成功添加1条数据！<br>
    <a href="index.jsp">继续发表留言</a>
  </body>
</html>
```

清单 3-4　error.jsp 关键代码。

```
<% String errorinfo=session.getAttribute("error").toString(); %>
<body>
    <%= errorinfo %>
</body>
```

3.4.2　删除数据

【例 3-29】实现留言管理系统中的删除留言功能。

删除留言功能的实现分为 4 个部分，如表 3-10 所示。页面中显示所有留言信息和删除超链接，点击链接删除本条留言，删除成功转向删除成功页面，否则转向错误页面，如图 3-33 至图 3-35 所示。

使用 Statement 删除数据

表 3-10　删除留言模块源文件列表

文件	所在位置	描述
admin.jsp	\manager	删除留言页面
dodel.jsp	\manager	删除留言控制页面
delok.jsp	\manager	删除留言成功页面
error.jsp	\	显示错误信息页面

图 3-33　管理员删除留言页面（admin.jsp）

图 3-34　成功删除留言页面

图 3-35　删除失败页面

实现步骤如下：

（1）编写删除留言页面 admin.jsp。

清单 3-5　admin.jsp 关键代码。

```
<%@ page language="java" pageEncoding="GBK" import="javax.sql.*,java.sql.*"%>
<body>
    <div align="center"><h3>管理留言</h3></div>
    <%Connection conn = null;              //数据库连接
    Statement stmt = null;                 //定义Statement对象
    ResultSet rs=null;                     //结果集对象
    int i=0;
    try{
    Class.forName("com.mysql.jdbc.Driver");
    conn=DriverManager .getConnection("jdbc:mysql:
    //localhost:3306/messageboard","root","123");
    stmt=conn.createStatement();
    String sql="SELECT * FROM message";
    rs=stmt.executeQuery(sql);
    while (rs.next()){
    %>
    <div class="all">
```

```
        <div class="a1">作者：<%=rs.getString("author")%></div>
        <div align="right"><%=i+1 %>#</div>
        <div><%=rs.getString("message")%></div>
        <div align="right">发表时间：<%=rs.getString("postTime") %></div>
        <div align="right"><a href="dodel.jsp?id=<%=rs.getInt("id") %>">删除</a></div>
    </div>
    <p>
<%
i++;}
}catch (ClassNotFoundException e) {
    e.printStackTrace();
} catch (SQLException e) {
    e.printStackTrace();
} finally{
    if(rs != null){
        try { rs.close();} catch (SQLException e) {e.printStackTrace();}
    }
    if(stmt != null){
        try { stmt.close();} catch (SQLException e) {e.printStackTrace();}
    }
    if(conn != null){
        try { conn.close();} catch (SQLException e) {e.printStackTrace();}
    }
 } %>
</body>
```

以上代码是在查询数据代码的基础上增加了删除超链接，即粗体部分。超链接传递当前行的 id 字段。

（2）编写处理删除页面 dodel.jsp。该页面获取超链接传递的 id 参数，根据表的 id 号删除特定的数据行。

清单 3-6　dodel.jsp。

```
<%@ page language="java" contentType="text/html; charset=GBK" import="java.sql.*,javax.sql.*"
    pageEncoding="GBK"%>
<%
int id=Integer.parseInt(request.getParameter("id"));
Connection conn = null;              //数据库连接
Statement stmt = null;               //定义Statement对象
int row=0;                           //受影响的记录行数
try{
    Class.forName("com.mysql.jdbc.Driver");
    conn=DriverManager.getConnection("jdbc:mysql://localhost:3306/messageboard","root","123");
    stmt=conn.createStatement();
    String sql="DELETE FROM message WHERE id="+id;
    row=stmt.executeUpdate(sql);
}catch (ClassNotFoundException e) {
    e.printStackTrace();
} catch (SQLException e) {
    e.printStackTrace();
} finally{
    if(stmt != null){
        try { stmt.close();} catch (SQLException e) {e.printStackTrace();}
    }
    /* 如果conn不空，关闭conn */
```

```
        if(conn != null){
           try { conn.close();} catch (SQLException e) {e.printStackTrace();}
        }
     }
     if(row>0)response.sendRedirect("delok.jsp");
     else {
        session.setAttribute("error","删除失败！");
        response.sendRedirect("../error.jsp");
     }
  %>
```

（3）编写 delok.jsp 页面。

清单 3-7　delok.jsp。

```
<%@ page language="java" contentType="text/html; charset=UTF-8"
    pageEncoding="UTF-8"%>
<html>
  <head>
    <title>成功删除数据</title>
  </head>
  <body>
     成功删除1条数据！<br>
     <a href="admin.jsp">继续删除留言</a>
  </body>
</html>
```

（4）编写 error.jsp 页面。该页面即为例 3-28 中的 error.jsp。

3.4.3　修改数据

【例 3-30】实现留言管理系统中的重置密码功能。

重置密码功能的实现分为 5 个部分，如表 3-11 所示。如图 3-36 所示输入用户名，只有数据表中存在的用户才能设置新密码（如图 3-37 所示），密码设置成功转向图 3-38 所示的页面。

表 3-11　重置密码模块源文件列表

文件	所在位置	描述
lost.jsp	\lost	找密码页面
dolost.jsp	\lost	设置新密码页面
updatelost.jsp	\lost	更新密码操作页面
updateok.jsp	\lost	更新密码成功页面
error.jsp	\	显示错误信息页面

图 3-36　找密码页面

图 3-37　输入新密码页面

图 3-38 密码更新成功页面

实现步骤如下：

（1）编写找密码页面 lost.jsp，包含输入用户名表单，表单数据提交至 dolost.jsp。

清单 3-8　lost.jsp 关键代码。

```
<form name="loginForm" action="dolost.jsp" method="post">
  <br/>请输入用户名以便找回密码  <input class="input" type="text"maxLength="20"
  size="35" name="uName">
  <br/><input class="btn" type="submit" value="确 定">  <input class="btn"
  type="reset" value="重 填">
</form>
```

（2）编写 dolost.jsp 页面，完成根据表单输入的用户名查询数据表，若存在该用户，显示设置新密码表单进行新密码设置，否则返回 lost.jsp。

清单 3-9　dolost.jsp 关键代码。

```
<%@ page language="java" contentType="text/html; charset=GBK" import="java.sql.*,javax.sql.*"
  pageEncoding="GBK"%>
<body>
<%
String uname=request.getParameter("uName");
Connection conn = null;              //数据库连接
Statement stmt = null;               //定义Statement对象
ResultSet rs=null;                   //结果集对象
try{
  Class.forName("com.mysql.jdbc.Driver");
  conn=DriverManager .getConnection("jdbc:mysql://localhost:3306/messageboard","root","123");
  stmt=conn.createStatement();
  String sql="SELECT * FROM adminusers WHERE uname="+uname;      //查询语句
  rs=stmt.executeQuery(sql);
  if (rs.next()){
    %>
    <div align="center">
    <div class="t" style="MARGIN-TOP: 15px" align="center">
    <form name="loginForm" action="updatelost.jsp" method="post">
    <br/>用   户   名  
    <input class="input" type="text" maxLength="20" size="35" name="uName"
    value="<%=rs.getString(2) %>"readonly>
    <br/>请输入新密码  <input class="input" type="password" maxLength="20" size ="35"
    name="upass">
    <br/><input class="btn" type="submit" value="确 定">
    </form>
```

```
        </div></div>
    <%}
    else{response.sendRedirect("lost.jsp") ;}
    }catch (ClassNotFoundException e) {
        e.printStackTrace();
    } catch (SQLException e) {
        e.printStackTrace();
    } finally{
        if(rs != null){
            try { rs.close();} catch (SQLException e) {e.printStackTrace();}
        }
        if(stmt != null){
            try { stmt.close();} catch (SQLException e) {e.printStackTrace();}
        }
        if(conn != null){
            try { conn.close();} catch (SQLException e) {e.printStackTrace();}
        }
    } %>
</body>
```

（3）编写 updatelost.jsp 页面。

清单 3-10　updatelost.jsp。

```
<%@ page language="java" contentType="text/html; charset=GBK" import="java.sql.*,javax.sql.*"
    pageEncoding="GBK"%>
<%
String uname=request.getParameter("uName");
String pwd=request.getParameter("upass");
Connection conn = null;              //数据库连接
Statement stmt = null;               //定义Statement对象
int row=0;
try{
    Class.forName("com.mysql.jdbc.Driver");
    conn=DriverManager.getConnection("jdbc:mysql://localhost:3306/messageboard","root","123");
    stmt=conn.createStatement();
    /*根据用户名更新密码的SQL语句*/
    String sql="UPDATE adminusers SET pwd='"+pwd+"' WHERE uname='"+uname+"'";
    row=stmt.executeUpdate(sql);
}catch (ClassNotFoundException e) {
    e.printStackTrace();
} catch (SQLException e) {
    e.printStackTrace();
} finally{
    if(stmt != null){
        try { stmt.close();} catch (SQLException e) {e.printStackTrace();}
    }
    if(conn != null){
        try { conn.close();} catch (SQLException e) {e.printStackTrace();}
    }
}
if(row>0) response.sendRedirect("updateok.jsp");
else {
    session.setAttribute("crror","更新密码失败！ ");
```

```
        response.sendRedirect("../error.jsp");
    }
%>
```

（4）编写 updateok.jsp 页面。

清单 3-11　updateok.jsp。

```
<%@ page language="java" contentType="text/html; charset=UTF-8"
    pageEncoding="UTF-8"%>
<html>
    <head>
        <title>成功更新密码</title>
    </head>
    <body>
        成功更新密码<br>
        <a href="login.jsp">请登录</a>
    </body>
</html>
```

（5）编写 error.jsp 页面，参见例 3-28。

3.4.4　查询数据

【例 3-31】实现留言管理系统中的查看留言功能。

在留言显示页面中应显示所有留言信息，包括留言内容、发表时间、发表者等，如图 3-39 所示。

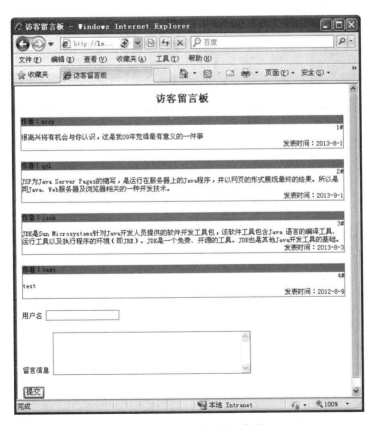

图 3-39　显示所有留言页面

实现过程：修改 index.jsp 页面代码，增加查询 Message 表中所有数据的相关代码。

清单 3-12　index.jsp 关键代码。

```jsp
<%@ page language="java" pageEncoding="GBK" import="javax.sql.*,java.sql.*"%>
<body>
<div align="center"><h3>访客留言板</h3></div>
<%Connection conn = null;                //数据库连接
Statement stmt = null;                   //定义Statement对象
ResultSet rs=null;                       //结果集对象
int i=0;
try{
    Class.forName("com.mysql.jdbc.Driver");   //加载驱动
    /*获得连接*/
    conn=DriverManager.getConnection("jdbc:mysql://localhost:3306/messageboard","root","123");
    stmt=conn.createStatement();              //生成Statement对象
    String sql="SELECT * FROM message";
    rs=stmt.executeQuery(sql);                //执行查询获得结果集
    while (rs.next()){//以下是结果集处理，显示当前行数据
    %>
        <div class="all">
        <div class="a1">作者：<%=rs.getString("author")%></div>
        <div align="right"><%=i+1 %>#</div>
        <div><%=rs.getString("message")%></div>
        <div align="right">发表时间：<%=rs.getString("postTime") %></div>
        </div>
        <p>
    <%
        i++;
    }
} catch (ClassNotFoundException e) {//处理可能出现的驱动类未找到异常
    e.printStackTrace();
} catch (SQLException e) {//处理可能出现的SQL异常
    e.printStackTrace();
} finally {//关闭JDBC对象
    if(rs != null){
        try { rs.close();} catch (SQLException e) {e.printStackTrace();}
    }
    if(stmt != null){
        try { stmt.close();} catch (SQLException e) {e.printStackTrace();}
    }
    if(conn != null){
        try { conn.close();} catch (SQLException e) {e.printStackTrace();}
    }
} %>
```

使用 JDBC 查询数据与添加数据的步骤基本相同，都是按照连接数据库的 7 个步骤进行，但是在执行查询数据操作后需要通过一个对象来装载查询结果集，这个对象就是 ResultSet 对象。获取到 ResultSet 对象后即可通过移动光标定位到查询结果中的指定行，然后通过 ResultSet 对象提供的一系列 Getter 方法来获取当前行的数据，获取的数据类型要与数据表中的字段类型相对应，否则将抛出 SQLException 异常。

同步实训任务单

实训任务单

任务名称	完成网站中的用户注册及登录功能		
训练要点	会使用 JDBC 的方式连接数据库 会使用 Statement 执行数据表操作		
需求说明	通过注册页面填写注册信息，并将用户注册信息保存到数据库中，数据表见例 3-2 中的表 Persons。注册成功转向成功页面，注册失败转向失败页面		
完成人		完成时间	
实训步骤			

任务小结

更新数据可使用 Statement 接口的 executeUpdate(String sql) 方法，其中参数是静态 SQL 语句,返回值是执行该操作所影响的行数。可以通过返回值来判断是否成功更新数据。

查询数据使用 executeQuery(String sql) 方法，返回值是 ResultSet 对象。

3.5 任务五 使用 PreparedStatement 处理数据

使用 PreparedStatement 处理数据

问题引入

前面使用 Statement 对象执行静态的 SQL 语句实现了 CRUD 操作，但静态 SQL 语句比较烦琐，不灵活，易写错。为提高程序的灵活性和效率，可以通过 PreparedStatement 对象执行动态 SQL 语句来实现。那么动态 SQL 语句如何写？如何使用 PreparedStatement 对象处理数据呢？

实现思路

在获得数据库连接后，创建 PreparedStatement 对象，然后用动态 SQL 语句中的参数赋值，最后使用 PreparedStatement 对象执行增、删、查、改相关动态 SQL 语句来实现数据操作。

知识链接

INSERT INTO message(message,author,postTime) VALUES (?,?,?) 就是一条动态 SQL 语句，使用占位符 ? 来代替 SQL 语句（前面任务中使用 Statement 时执行的）中的参数。

Statement 与 PreparedStatement 的用法比较如表 3-12 所示。

表 3-12　Statement 与 PreparedStatement 的比较

项目	使用 Statement	使用 PreparedStatement
SQL 语句	String sql="INSERT INTO message(message, author,postTime) VALUES ('"+messagestr+"', '"+author+"','"+new SimpleDateFormat ("yyyy-MM-dd").format(new Date())+"')";	String sql="INSERT INTO message(message, author,postTime) VALUES (?,?,?)";
对象创建	stmt=con.createStatement();	ptmt=con.prepareStatement(sql);
参数赋值	不需要	需要通过 setXxx() 方法给参数赋值，对于不同类型的参数可以使用不同类型的 setXxx() 方法。ptmt.setString(1,messagestr);
执行	增、删、改操作：stmt.executeUpdate(sql); 查询操作：stmt.executeQuery(sql);	增、删、改操作：ptmt.executeUpdate(); 查询操作：ptmt.executeQuery();
用法复杂度	简单	复杂
适用情况	单次执行	重复执行多次

任务实现

3.5.1　更新数据

增加、删除、修改数据表中的数据在 JDBC 中都称为更新数据，它们的编码基本相似，仅动态 SQL 语句不同。下面以添加数据为例来详细说明 PreparedStatement 对象的使用方法。

【例 3-32】使用 PreparedStatement 对象完成例 3-28 中的发表留言功能。

实现过程：修改例 3-28 中的清单 3-13 doadd.jsp 代码。

清单 3-13　修改后的 doadd.jsp。

```jsp
<%@ page language="java" contentType="text/html; charset=GBK"
    pageEncoding="GBK" import="java.sql.*,javax.sql.*,java.util.Date,java.text.*"%>
<html>
  <head>
    <meta http-equiv="Content-Type" content="text/html; charset=GBK">
    <title>Insert title here</title>
  </head>
  <body>
  <%
request.setCharacterEncoding("GBK");
String author=(String)request.getParameter("uname");
String messagestr=(String)request.getParameter("message");
Connection conn  = null;             //数据库连接
PreparedStatementpstmt = null;       //定义PreparedStatement对象
int row=0;                           //受影响的记录行数
try{
    Class.forName("com.mysql.jdbc.Driver");      //加载驱动
    /*获得连接*/
    conn=DriverManager .getConnection("jdbc:mysql://localhost:3306/messageboard","root","123");
    String sql="INSERT INTO message(message,author,postTime) VALUES (?,?,?)";
    pstmt = conn.prepareStatement(sql);          //生成PreparedStatement对象
    pstmt.setString(1, messagestr);              //为第一个参数赋值，String型
    pstmt.setString(2, author);
    pstmt.setString(3, new SimpleDateFormat("yyyy-MM-dd").format(new Date()));
```

```
        row=pstmt.executeUpdate();              //执行SQL语句
    }catch (ClassNotFoundException e) {//驱动未找到异常
        e.printStackTrace();
    }catch (SQLException e) {//SQL异常
        e.printStackTrace();
    }finally{//关闭JDBC对象
        if(pstmt != null){
            try { pstmt.close();} catch (SQLException e) {e.printStackTrace();}
        }
        if(conn != null){
            try { conn.close();} catch (SQLException e) {e.printStackTrace();}
        }
    }
    if(row>0)response.sendRedirect("addok.jsp");       //插入成功转向addok.jsp
    else {
        session.setAttribute("error","添加失败！");     //保存失败信息
        response.sendRedirect("error.jsp");             //插入失败转向error.jsp
    }
%>
</body>
</html>
```

清单中粗体代码部分为修改后的，可见在执行 PreparedStatement 对象之前必须设置每个？处参数的值，通过 setXxx() 方法给参数赋值，对于不同类型的参数可以使用不同类型的 setXxx() 方法。如果参数是整型，可以使用 setInt()；如果参数是 String 型，可以使用 setString()。setXxx() 方法的第一个参数是要设置的参数的序数位置（序数位置从 1 开始），第二个参数是设置给该参数的值。

3.5.2 查询数据

【例 3-33】使用 PreparedStatement 完成留言管理系统中的管理员登录功能。

登录功能的实现分为 4 个部分，如表 3-13 所示。管理员进入登录页面，输入用户名和密码，提交表单数据，若用户名密码输入正确则进入留言管理页面（admin.jsp），否则进入登录页面。

表 3-13　登录模块源文件列表

文件	所在位置	描述
login.jsp	\	管理员登录页面
doLogin.jsp	\	登录控制页面
admin.jsp	\manager	留言管理页面
doLogout.jsp	\manager	注销登录处理页面

实现步骤如下：

（1）编写 login.jsp 页面。

清单 3-14　login.jsp 关键代码。

```
<form name="loginForm" onSubmit="return check()" action="doLogin.jsp" method="post">
<br/>用户名  <input class="input" type="text" maxLength="20" size="35" name="uName">
<br/>密　码  <input class="input" type="password" maxLength="20" size="40" name="uPass">
```

```html
<br/><input class="btn" type="submit" value="登录"><input class="btn" type="reset" value="重填"><a href="lost/lost.jsp">忘记密码</a>
</form>
```

（2）编写 doLogin.jsp 页面，完成数据库查询操作。

清单 3-15　doLogin.jsp。

```jsp
<%@ page language="java" pageEncoding="GBK"
   import="java.sql.*,javax.sql.*,entity.*"%>
<%
request.setCharacterEncoding("GBK");
String  uName = request.getParameter("uName");    //取得请求中的登录名
String  uPass = request.getParameter("uPass");    //取得请求中的密码
Connection conn = null;                            //数据库连接
PreparedStatement pstmt = null;                    //声明PreparedStatement对象
ResultSet rs=null;                                 //结果集对象
User user=new User();                              //定义用户对象
try{
   Class.forName("com.mysql.jdbc.Driver");
   conn=DriverManager.getConnection("jdbc:mysql://localhost:3306/messageboard","root","123");
   String sql="SELECT * FROM adminusers WHERE uname=?";
   pstmt = conn.prepareStatement(sql);             //获取PreparedStatement对象
   pstmt.setString(1, uName);
   rs=pstmt.executeQuery();
   if(rs.next()){
      user.setId(rs.getInt(1));
      user.setName(rs.getString(2));
      user.setPassword(rs.getString(3));
   }
} catch (ClassNotFoundException e) {
   e.printStackTrace();
} catch (SQLException e) {
   e.printStackTrace();
} finally{
   if(rs != null){
      try { rs.close();} catch (SQLException e) {e.printStackTrace();}
   }
   if(pstmt != null){
      try { pstmt.close();} catch (SQLException e) {e.printStackTrace();}
   }
   if(conn != null){
      try { conn.close();} catch (SQLException e) {e.printStackTrace();}
   }
}
if( user!=null&& user.getPassword().equals(uPass) ) {
   session.setAttribute("loginuser", user);        //将登录的用户存放在session中
   response.sendRedirect("manager/admin.jsp");
} else {
   response.sendRedirect("login.jsp");
}
%>
```

（3）修改 admin.jsp 页面，增加注销登录超链接。

清单 3-16　修改后的 admin.jsp 关键代码。

```jsp
<%@ page language="java" pageEncoding="GBK" import="javax.sql.*,java.sql.*,entity.*"%>
<%User user=(User)session.getAttribute("loginuser");          //获取用户对象
if(user==null)response.sendRedirect("login.jsp");             //未登录的情况
%>
<body>
<div align="center"><h3>管理留言</h3></div>
<%Connection conn = null;                                      //数据库连接
Statement stmt = null;                                         //定义Statement对象
ResultSet rs=null;                                             //结果集对象
int i=0;
try{
    Class.forName("com.mysql.jdbc.Driver");
    conn=DriverManager.getConnection("jdbc:mysql://localhost:3306/messageboard","root","123");
    stmt=conn.createStatement();
    String sql="SELECT * FROM message";
    rs=stmt.executeQuery(sql);
    while (rs.next()){
        %>
        <div align="right"><a href="doLoginout.jsp">注销登录</a></div>
        <div class="all">
        <div class="a1">作者：<%=rs.getString("author")%></div>
        <div align="right"><%=i+1 %>#</div>
        <div><%=rs.getString("message")%></div>
        <div align="right">发表时间：<%=rs.getString("postTime") %></div>
        <div align="right"><a href="dodel.jsp?id=<%=rs.getInt("id") %>">删除</a></div>
        </div>
        <p>
        <%
        i++;
    }
}catch (ClassNotFoundException e) {
    e.printStackTrace();
} catch (SQLException e) {
    e.printStackTrace();
} finally{
    if(rs != null){
        try { rs.close();} catch (SQLException e) {e.printStackTrace();}
    }
    if(stmt != null){
        try { stmt.close();} catch (SQLException e) {e.printStackTrace();}
    }
    if(conn != null){
        try { conn.close();} catch (SQLException e) {e.printStackTrace();}
    }
} %>
</body>
```

代码中的粗体部分为新增超链接，由 doLoginout.jsp 完成注销登录操作。

（4）编写 doLoginout.jsp 页面，将 session 中的登录用户移除，实现注销登录功能。

清单 3-17　doLoginout.jsp。

```jsp
<%@ page language="java" contentType="text/html; charset=UTF-8"
    pageEncoding="UTF-8"%>
```

```
<%
if(session.getAttribute("loginuser")!=null)
    session.removeAttribute("loginuser");
response.sendRedirect("../login.jsp"); %>
```

同步实训任务单

实训任务单

任务名称	使用 PreparedStatement 实现留言管理及重置密码功能
训练要点	会使用 JDBC 的方式连接数据库 会使用 PreparedStatement 执行数据表操作 会使用 ResultSet 处理查询结果
需求说明	使用 PreparedStatement 方式实现例 3-29 中删除留言及例 3-30 中重置密码的功能
完成人		完成时间	
小提示	使用 PreparedStatement 的基本过程为：创建 PreparedStatement；对参数赋值；执行
实训步骤	

任务小结

动态 SQL 简洁，可读性强，使用占位符？来代替 SQL 语句中的参数。

PreparedStatement 接口继承自 Statement 接口，使用起来 PreparedStatement 比 Statement 更灵活高效。

模块三小结

1. SQL 是 Structured Query Language（结构化查询语言）的缩写，是用于访问和处理数据库的标准的计算机语言。

- INSERT 语句：用于向表格中插入新的行。
- UPDATE 语句：用于更新（修改）表中的数据。
- DELETE 语句：用于删除表中的行。
- SELECT 语句：是最经常使用的 SQL 语句，用途是从一个或多个表中选取（查询）数据。

2. JDBC 是 Java Database Connectivity（Java 数据库连接）的简称，提供连接各种常用数据库的能力。

3. 进行 Java Web 数据库编程的基本步骤：

（1）引入相关包。

（2）把 JDBC 驱动类装载入 Java 虚拟机中。

（3）加载驱动，并与数据库建立连接。

（4）发送 SQL 语句，并得到结果集。

（5）处理结果。

（6）异常处理。

（7）释放资源。

4．PreparedStatement 接口继承 Statement 接口，PreparedStatement 比普通的 Statement 对象使用起来更灵活，更有效率。

使用 PreparedStatement 的基本过程如下：

（1）创建 PreparedStatement。

（2）对参数赋值。

（3）执行。

习题三

一、填空题

1．JDBC 核心类和接口有 DriverManager、Connection、Statement 和 ResultSet，它们都在 java.sql 包中。其中 DriverManager 负责加载各种不同的 _____；Connection 负责与 _____ 间的通信，SQL 执行和事务处理都是在某个特定的 Connection 环境中进行 _____；Statement 用以执行 _____；ResultSet 表示数据库查询的 _____，它是一张抽象的表。

2．将数据集 ResultSet 移到下一条的方法是 _____。

3．SQL 语句中，通配符"%"表示 _____，"_"表示 _____。

二、选择题

1．在 Java 中开发 JDBC 应用程序时，使用 DriverManager 类的 getConnection() 方法建立与数据源连接的语句为：

　　Connection con = DriverManager.getConnection("jdbc:odbc:test");
　　URL 连接中的"test"表示的是（　　）。

　　A．数据库中表的名称　　　　　　　B．数据库服务器的机器名

　　C．数据源的名称　　　　　　　　　D．用户名

2．假定已经获得一个数据库连接，使用变量 con 来表示。下列语句中能够正确获得结果集的有（　　）。

　　A．Statement stmt=con.createStatement();

　　　　ResultSet rs=stmt.executeQuery("SELECT * FROM Table1");

　　B．Statement stmt=con.createStatement("SELECT * FROM Table1 ");

　　　　ResultSet rs=stmt.executeQuery();

　　C．PreparedStatement stmt=con.prepareStatement();

　　　　ResultSet rs=stmt.executeQuery("SELECT * FROM Table1");

　　D．PreparedStatement stmt=con.prepareStatement("SELECT * FROM Table1");

　　　　ResultSet rs=stmt.executeQuery();

3. 要执行 str="DELETE FROM customer" 语句，假设 Statement 对象 stmt，下列执行 SQL 语句的代码正确的是（　　）。

  A．stmt.executeQuery(str)　　　　B．stmt.executeUpdate(str)

  C．stmt.executeSelect(str)　　　　D．stmt.executeDelete(str)

4. 在 Java 语言中，已知 con 为已经建立的数据库连接对象，则下列（　　）是正确的 JDBC 代码片段。

  A．PreparedStatement pstmt = con.prepareStatement("INSERT INTO emp (empno,ename) VALUES (?,?)");

   pstmt.setInt(1,7);

   pstmt.setString(2, "Admin");

  B．PreparedStatement pstmt = con.prepareStatement("insert into EMP (EMPNO,ENAME) values (?,?)");

   pstmt.setInt(1, "7");

   pstmt.setString(2, "Admin");

  C．Statement stmt = con.createStatement("insert into EMP (EMPNO,ENAME) values (7, 'Admin') ");

  D．PreparedStatement stmt1 = con.prepareStatement("insert into EMP (EMPNO,ENAME) values (7,'Admin') ");

5. 下列不属于 JDBC 基本功能的是（　　）。

  A．与数据库建立连接　　　　B．提交 SQL 语句

  C．处理查询结果　　　　　　D．数据库维护管理

6. 在 Java 中，JDBC API 定义了一组用于与数据库进行通信的接口和类，它们包括在（　　）包中。

  A．java.lang　　B．java.sql　　C．java.util　　D．java.math

7. 在 Java 中，使用 JDBC 开发应用程序时处理步骤正确的是（　　）。

  A．①加载数据库驱动；②执行 SQL 命令；③创建数据库连接；④处理结果

  B．①加载数据库驱动；②创建数据库连接；③执行 SQL 命令；④处理结果

  C．①创建数据库连接；②加载数据库驱动；③执行 SQL 命令；④处理结果

  D．①创建数据库连接；②执行 SQL 命令；③加载数据库驱动；④处理结果

三、编程题

使用 JSP 编写一个学生成绩查询系统。具体要求如下：

（1）打开首页，显示查询表单，程序运行界面如图 3-40 所示。

（2）要求学号不能为空，使用 JavaScript 进行验证，如图 3-41 所示。

（3）输入学号和科目后，单击"查询"按钮将查询该学生该科目成绩；只输入学号，不输入科目，将查询该学生所有科目成绩。

（4）查询结果页面如图 3-42 所示，查询无结果的效果如图 3-43 所示，单击"重新查询"链接回到首页。

图 3-40　查询首页

图 3-41　未输入学号查询时弹出对话框

图 3-42　查询结果 1

图 3-43　查询结果 2

模块四　Java Web 基础阶段实训

1. 任务描述

实现 IT 新闻资讯系统，使用 MySQL 作为后台数据库，该系统具有显示数据库中的所有新闻信息和删除新闻信息两大功能。

2. 任务要求

打开 IT 新闻资讯系统首页，以列表方式显示所有新闻信息，程序运行界面如图 4-1 所示。选择要删除的新闻，单击"删除"按钮后可以删除新闻，也可以选择多个需要删除的新闻，实现批量删除。在执行删除新闻操作前，使用 JavaScript 脚本判断用户是否选择了需要删除的新闻，如图 4-2 所示。当用户选择了需要删除的新闻后，使用 JavaScript 脚本提示用户是否删除，如图 4-3 所示。当用户单击"确定"按钮后执行删除操作，如图 4-4 所示，否则不执行。

图 4-1　系统页面 1

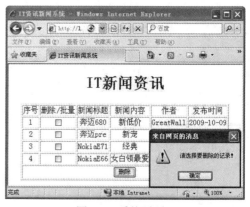

图 4-2　系统页面 2

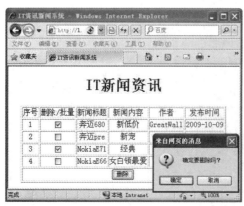

图 4-3　系统页面 3

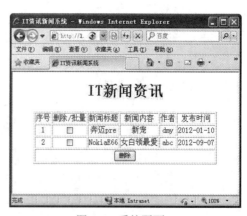

图 4-4　系统页面 4

3. 开发环境

JDK 8.0、Eclipse、Tomcat 9.0、MySQL 5.0 以上。

4. 训练的技能点

（1）会使用指令、脚本和表达式实现页面的动态显示。

（2）会使用 JavaScript 脚本进行 DOM 编程。

（3）会使用 JDBC 操作数据库。

5. 推荐实现步骤及代码提示

（1）创建数据库和数据表，如表 5-1 所示。

表 5-1　数据表 news

字段名称	说明	类型	备注
id	新闻 id	int	自增，主键
title	标题	varchar	
content	内容	text	
begintime	发表时间	datetime	
username	作者	varchar	

（2）编写 JSP 文件。

清单 4-1　相关 JavaScript 代码。

```javascript
<script language="javascript">
    function checkdel(){
        var allCheckBoxs=document.getElementsByName("newsid");
        var flag=false;
        for(i=0;i<allCheckBoxs.length;i++){
            if(allCheckBoxs[i].type=="checkbox"){
                if(allCheckBoxs[i].checked){
                    flag=true;
                    break;
                }
            }
        }
        if(!flag){
            alert("请选择要删除的记录！");
            return false;
        }
        else{
            if(confirm("确定要删除吗？")) frm.submit();
        }
    }
</script>
...
<input type="button" value="删除" onClick="checkdel()">
```

第二阶段　Java Web 进阶

这是 Java Web 的提高阶段，主要由 Java Web 应用优化、Java Web 开发业务应用、Servlet 技术基础、MVC 开发模式、Java Web 进阶阶段实训模块构成。在此阶段中，将理解分层架构，初步掌握分页、文件上传下载、图表显示组件技术，认识 Servlet 编程技术及 MVC 模式。本阶段采用项目贯穿、模块化、任务驱动的方式组织学习内容。

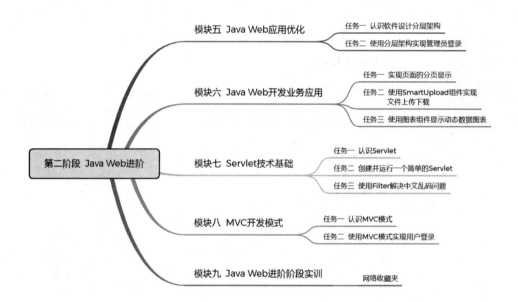

模块五　Java Web 应用优化

模块简介

在 Java Web 基础阶段，我们系统学习了 Java Web 编程准备、JSP 页面组成元素、JSP 内置对象和 Java Web 数据库编程技术，基本掌握了使用 Java 开发动态网站的技术，已经能够开发简单的 Web 应用系统。但是我们编写的网页文件中嵌入了大量 Java 代码，这样不利于代码的维护和更新。通过本模块的学习，可以了解软件设计分层模式，使用三层架构实现 Web 应用系统，从而实现 Java Web 应用优化。

学习导航

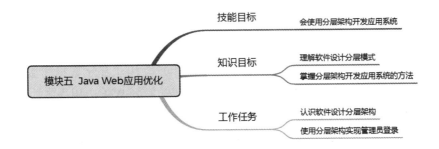

5.1　任务一　认识软件设计分层架构

问题引入

使用第一阶段的 Java Web 基础技能我们已经能够编写简单的 Web 应用系统，但是在网页中有大量的 Java 代码和 JSP 代码混杂在一起，阅读起来非常不清晰。一旦程序引用发生变化，这些代码就无法继续使用，必须要进行修改。业务功能代码与页面显示代码分离能避免发生此类问题，提高软件开发效率。那么如何使页面中的 JSP 业务功能代码与页面显示代码分离，提高代码的重用性呢？

实现思路

良好的软件架构设计能提高软件开发效率，分层模式是最常见的一种架构模式，它是将解决方案的组件分隔到不同的层中，实现功能代码与页面显示的分离。

知识链接

1. 软件设计分层模式

分层模式是最常见的一种架构模式，甚至可以说分层模式是很多架构模式的基础。分层模式可以这样定义：将解决方案的组件分隔到不同的层中。每一层中的组件应保持内聚性，每一层都应与它下面的各层保持松耦合。对于一个小型系统一般三层就够了，复杂系统可以分更多的层。

2. 三层架构

在分层架构中使用最成熟的是三层架构，"三层"是指表示层、业务逻辑层、数据访问层，如图5-1所示。

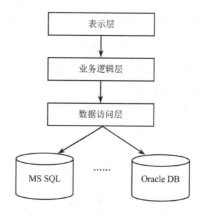

图 5-1　三层系统的分层结构

（1）表示层：位于最外层（最上层），最接近用户，用于显示数据和接收用户输入的数据，为用户提供一种交互式操作的界面。表示层一般为Web应用程序，以JSP文件、HTML文件为主。

（2）业务逻辑层：主要功能是提供对业务逻辑处理的封装，在业务逻辑层中通常会定义一些接口，表示层通过调用业务逻辑层的接口来实现各种操作，如数据有效性的检验、业务逻辑描述等相关功能。在规范化编程中，业务逻辑层通常放在biz包中。

（3）数据访问层：也称为持久层，主要功能是负责数据库访问，可以访问数据库系统、二进制文件、文本文档、XML文档。在规范化编程中，数据访问层通常放在dao包中。

3. 层与层之间的关系

在三层架构中，各层之间相互依赖：表示层依赖于业务逻辑层，业务逻辑层依赖于数据访问层。各层之间的数据传递方向分为请求与响应两个方向，如图5-2所示。

表示层接受用户的请求，根据用户的请求通知业务逻辑层；业务逻辑层收到请求，首先对请求进行阅读审核，然后将请求通知数据访问层或直接返回给表示层；数据访问层收到请求后便开始访问数据库。

数据访问层通过对数据库的访问得到请求结果，并把请求结果通知业务逻辑层；业务逻辑层收到请求结果，先是对请求结果进行阅读审核，然后将请求结果通知表示层；表示层收到请求结果并把结果展示给用户。

4. 分层架构的优点

分层架构的设计体现了"高内聚，低耦合"的思想，有以下优点：
- 开发人员可以只关注整个结构中的某一层。

- 可以很容易地用新的实现来替换原有层次的实现。
- 可以降低层与层之间的依赖。
- 有利于标准化。
- 有利于各层逻辑的复用。
- 结构更加明确。
- 在后期维护时极大地降低了维护成本和维护时间。

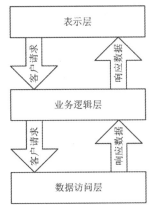

图 5-2　数据传递方向

任务实现

下面以用户登录功能实现为例来认识表示层、业务逻辑层和数据访问层，如表 5-1 所示。

表 5-1　认识登录功能实现中的各层

分层名称	作用	表现形式
表示层	用于显示数据和接收用户输入的数据，为用户提供一种交互式操作的界面	▲ 📁 manager 　📄 admin.jsp 　📄 dologin.jsp 　📄 login.jsp
业务逻辑层	提供对业务逻辑处理的封装。在规范化编程中，业务逻辑层通常放在 biz 包中	▲ 🗁 ch5.biz 　▲ AdminUserBiz.java 　　▲ AdminUserBiz 　　　login(adminUser) : boolean ▲ 🗁 ch5.biz.impl 　▲ AdminUserBizImpl.java 　　▲ AdminUserBizImpl 　　　login(adminUser) : boolean
数据访问层	负责数据库访问，可以访问数据库系统、二进制文件、文本文档、XML 文档。在规范化编程中，数据访问层通常放在 dao 包中	▲ 🗁 ch5.dao 　▲ AdminUserDao.java 　　▲ AdminUserDao 　　　findUser(String) : adminUser ▲ 🗁 ch5.dao.impl 　▲ AdminUserDaoImpl.java 　　▲ AdminUserDaoImpl 　　　△ con 　　　△ pstmt 　　　△ rs 　　　findUser(String) : adminUser

同步实训任务单

实训任务单

任务名称	识别 Web 项目中的各分层
训练要点	分层开发中各层的识别

需求说明	在以下 Web 工程结构中识别出表示层、业务逻辑层、数据访问层。
	
	message
	  .settings
	  build
	  src
	    ch5
	    ch6
	      biz
	        ChartsBiz.java
	      dao
	        ChartsDao.java
	      entity
	        MyCharts.java
	      util
	        BaseDao.java
	        FusionChartXMLUtil.java
	  WebContent
	    ch03
	    ch5
	    ch6
	      Charts
	      Data
	      Includes
	      ColumnData.jsp
	      index.jsp
	      SimpleChart.jsp

完成人		完成时间	
实训步骤	

任务小结

分层结构是目前复杂应用系统开发时普遍使用的模式，分层模式是将解决方案的组件分隔到不同的层中。

三层模式是软件架构中最常见的一种分层模式，具体划分为以下 3 层：
- 表示层：用于用户展示与交互。
- 业务逻辑层：主要功能是提供对业务逻辑处理的封装。
- 数据访问层：主要实现对数据的保护和读取操作。

分层架构的应用

5.2 任务二 使用分层架构实现管理员登录

问题引入

我们已经了解了三层架构，既然它有这么多优点，就将留言管理系统用三层架构进行优化，那么该如何实现分层呢？

实现思路

按照以下步骤进行分层架构开发：

（1）创建数据访问层：创建 VO 类，定义 DAO 接口，定义 DAO 真实主题实现类。

（2）创建业务逻辑层：定义业务逻辑控制接口，定义业务逻辑实现类。

（3）创建表示层：编写 JSP 页面文件。

知识链接

在应用程序系统中实现分层开发可以带来很多便利，设计分层架构时需要遵循以下原则：

（1）上层依赖其下层，依赖关系不跨层。

表示层作为顶层，依赖其下一层的业务逻辑层，只有通过业务逻辑层才能得到正确的内容并在表示层页面中显示，而不能直接访问数据访问层。同时，上一层调用下一层所得到的执行结果完全取决于下一层中的代码实现，上一层无法进行控制。

（2）下一层不能调用上一层。

以三层为例，顶层是表示层，底层是数据访问层，中间层是业务逻辑层。数据访问层不能调用业务逻辑层，业务逻辑层不能调用表示层。

（3）下一层不依赖上一层。

对于下一层来说，上一层的改变不会对其产生任何影响。比如表示层不管如何改变，不会影响业务逻辑层的实现；业务逻辑层不管如何变化，数据访问层本质上还是实现数据的增删查改操作。

（4）在上一层中不能出现下一层的概念。

使用分层架构的一个优点就是在系统中各个功能分工明确。在某一层中不会出现其下一层的任何内容，简单地说就是在业务逻辑层中，只能有用于业务逻辑控制的代码，而不能出现数据库访问层中才有的 SQL 语句，确保层次间的关系很清晰。

任务实现

5.2.1 创建 VO 类

VO 是指 Value Object，即值对象，主要用来封装数据库表的字段，一个 VO 类对象表示一条记录。

管理员登录模块需要使用到 adminuser 表，根据表的字段创建对应的 VO 类 AdminUser。

清单 5-1 AdminUser.java。

```java
package entity;
public class AdminUser {
    private int id;
    private String uname;
    private String pwd;
    public int getId() {
        return id;
    }
```

```java
    public void setId(int id) {
        this.id = id;
    }
    public String getUname() {
        return uname;
    }
    public void setUname(String uname) {
        this.uname = uname;
    }
    public String getPwd() {
        return pwd;
    }
    public void setPwd(String pwd) {
        this.pwd = pwd;
    }
}
```

5.2.2 定义 DAO 接口

在定义 DAO 接口之前，必须对业务进行详细分析，清楚地知道每个表在整个系统中应该具备何种功能，从而把与数据库访问相关的业务提取出来，创建一个用户访问数据库的接口 UserDao，在接口中声明查找用户的方法。

清单 5-2　UserDao.java。

```java
package dao;
import entity.AdminUser;
public interface AdminUserDao {
    public AdminUser findUser(String uName);        //根据用户名查找，返回用户
}
```

5.2.3 定义 DAO 真实主题实现类

在前面编写的 CRUD 操作中都需要建立数据库连接和释放资源，为了便于管理，提高代码的复用性，可以建立一个 BaseDao 类，专门负责建立数据库连接并执行关闭操作。

清单 5-3　BaseDao 类。

```java
package util;
import java.sql.*;
public class BaseDao {
    public final static String driver = "com.mysql.jdbc.Driver";
    public final static String url = "jdbc:mysql://localhost:3306/messageboard";    //url
    public final static String dbName = "root";
    public final static String dbPass = "123";
    static private Connection conn = null;
    static private PreparedStatement pstmt = null;
    static private ResultSet rs = null;
    /**
     * 得到数据库连接
     * @throws ClassNotFoundException
     * @throws SQLException
     * @return 数据库连接
     */
```

```java
public static Connection getConn() throws ClassNotFoundException, SQLException{
    Class.forName(driver);
    return DriverManager.getConnection(url,dbName,dbPass);
}

/**
 * 释放资源
 * @param conn 数据库连接
 * @param pstmt PreparedStatement对象
 * @param rs 结果集
 */
public static void closeAll( Connection conn, PreparedStatement pstmt, ResultSet rs ) {
    /*如果rs不空，关闭rs */
    if(rs != null){
        try { rs.close();} catch (SQLException e) {e.printStackTrace();}
    }
    /* 如果pstmt不空，关闭pstmt */
    if(pstmt != null){
        try { pstmt.close();} catch (SQLException e) {e.printStackTrace();}
    }
    /* 如果conn不空，关闭conn */
    if(conn != null){
        try { conn.close();} catch (SQLException e) {e.printStackTrace();}
    }
}
```

真实主体实现类主要负责具体的数据库操作，在操作时为了安全，将使用 PreparedStatement 接口完成。编写 AdminUserDao 接口的实现类 AdminUserDaoImpl。

清单 5-4　AdminUserDaoImpl.java。

```java
package dao.impl;
import java.sql.*;
import javax.sql.*;
import dao.AdminUserDao;
import util.BaseDao;
import entity.*;
public class AdminUserDaoImpl implements AdminUserDao {
    Connection conn = null;                    //数据库连接
    PreparedStatement pstmt = null;            //创建PreparedStatement对象
    ResultSet rs = null;                       //创建结果集对象
    public AdminUser findUser(String uName){
        String sql="SELECT * FROM adminusers WHERE uname=?";
        AdminUser user=new AdminUser();
        try {
            conn  = BaseDao.getConn();              //获取数据库链接
            pstmt = conn.prepareStatement(sql);     //获取PreparedStatement对象
            pstmt.setString(1, uName);
            rs=pstmt.executeQuery();
            while(rs.next()){
                user.setId(rs.getInt(1));
                user.setUname(rs.getString(2));
                user.setPwd(rs.getString(3));
```

```
                }
            } catch (ClassNotFoundException e) {
                e.printStackTrace();
            } catch (SQLException e) {
                e.printStackTrace();
            } finally{
                BaseDao.closeAll(conn, pstmt, rs);
            }
        return user;
    }
}
```

5.2.4 定义业务逻辑控制接口

按照三层架构开发模式，还需要编写业务逻辑层，将所有的业务逻辑封装到业务逻辑层中。编写业务逻辑控制接口。

清单 5-5　AdminUserBiz.java。

```
package biz;
import entity.*;
public interface AdminUserBiz {
    public boolean login(AdminUser user);
}
```

5.2.5 定义业务逻辑实现类

编写实现 AdminUserBiz 接口的具体实现类 AdminUserBizImpl。

清单 5-6　AdminUserBizImpl.java。

```
package biz.impl;
import dao.AdminUserDao;
import dao.impl.AdminUserDaoImpl;
import entity.AdminUser;
import biz.AdminUserBiz;
public class AdminUserBizImpl implements AdminUserBiz {
    public boolean login(AdminUser user) {
        boolean valid=false;
        AdminUserDao aud=new AdminUserDaoImpl();
        AdminUser u=aud.findUser(user.getUname());
        if(u.getPwd().equals(user.getPwd())) valid=true;
        return valid;
    }
}
```

5.2.6 编写 JSP 页面文件

修改清单 3-14 的 doLogin.jsp 代码，通过调用业务逻辑来实现用户登录验证。

清单 5-7　使用三层架构修改后的 doLogin.jsp。

```
<%@ page language="java" pageEncoding="GBK"
    import="entity.*,biz.*,biz.impl.*"%>
<%
request.setCharacterEncoding("GBK");
```

```jsp
String   uName= request.getParameter("uName");      //取得请求中的登录名
String   uPass= request.getParameter("uPass");      //取得请求中的密码
AdminUser u=new AdminUser();
u.setUname(uName);
u.setPwd(uPass);
AdminUserBiz  ub = new AdminUserBizImpl();
if( ub.login(u) ) {
  session.setAttribute("user", u);
  response.sendRedirect("manager/admin.jsp");
} else {
  response.sendRedirect("login.jsp");
}
%>
```

同清单 3-14 的 doLogin.jsp 代码相比，使用三层架构使 JSP 页面上不再需要编写烦琐的数据库连接代码，页面变得更清晰。由此实现了将程序代码按照其各自所发挥的作用进行划分：页面展示、业务处理、数据访问，功能分工明确，在业务实现时只需要关注本模块的实现。使用分层架构进行开发时需要遵循"上层依赖其下层，依赖关系不跨层；下一层不能调用上一层；下一层不依赖上一层；上一层中不能出现下一层的概念"的原则。

同步实训任务单

实训任务单

任务名称	使用分层架构实现重置密码		
训练要点	在应用程序中使用三层开发模式，理解层与层之间的依赖关系		
需求说明	使用三层架构思想优化留言管理系统中的重置密码模块		
完成人		完成时间	
小提示	（1）完善 AdminUserDao 数据访问接口，编写更新用户方法 （2）完善 AdminUserDaoImpl 实现类，实现更新用户方法 （3）完善 AdminUserBiz 业务逻辑接口，编写修改密码方法 （4）完善 AdminUserBizImpl 实现类，实现修改密码方法 （5）编写 JSP 页面文件调用业务逻辑类		
实训步骤			

任务小结

使用分层架构进行开发时需要遵循"上层依赖其下层，依赖关系不跨层；下一层不能调用上一层；下一层不依赖上一层；上一层中不能出现下一层的概念"的原则。

模块五小结

1. 分层结构是目前复杂应用系统开发时普遍使用的模式，分层模式是将解决方案的组件分隔到不同的层中。

2. 三层模式是软件架构中最常见的一种分层模式，具体划分为以下3层：
- 表示层：用于用户展示与交互。
- 业务逻辑层：主要功能是提供对业务逻辑处理的封装。
- 数据访问层：主要实现对数据的保护和读取操作。

3. 分层开发的优势：
- 职责划分清晰。
- 无损替换。
- 复用代码。
- 降低了系统内部的依赖程度。

4. 使用分层架构进行开发时需要遵循"上层依赖其下层，依赖关系不跨层；下一层不能调用上一层；下一层不依赖上一层；上一层中不能出现下一层的概念"的原则。

习题答案

习题五

一、填空题

1. 软件设计的一个基本原则是"低 _____，高 _____"。
2. VO（Value Object）主要用来封装数据库表的字段，一个 VO 类对象表示 _____。

二、选择题

1. 下面对层与层关系的描述中错误的是（　）。
    A. 表示层接受用户的请求，根据用户的请求去通知业务逻辑层
    B. 业务逻辑层收到请求，根据请求内容执行数据库访问，并将访问结果返回表示层
    C. 数据访问层收到请求后便开始访问数据库
    D. 各个层之间独立存在，不相互依赖

2. 下面对分层模式的解释描述中错误的是（　）。
    A. 将解决方案的组件分隔到不同的层中
    B. 每一层中的组件应保持内聚性
    C. 每一层都应与它下面的各层保持松耦合
    D. 每一层都应与它下面的各层保持高耦合

3. 三层架构是分层模式中最常见的类型，在三层架构中不包含（　）。
    A. 数据访问层　　　　　　　　B. 业务逻辑层
    C. 通信层　　　　　　　　　　D. 表示层

4. 在进行分层开发时需要遵循一定的指导原则，下列说法中错误的是（　）。
    A. 上层依赖其下层，依赖关系可以跨层
    B. 下一层不能调用上一层
    C. 下一层不依赖上一层

D. 在上一层中不能出现下一层的概念

5. 使用分层开发的优势不包括（　　）。

　　A. 功能职责划分明确

　　B. 提高了代码的重用性

　　C. 实现了内部的无损替换

　　D. 增强了各层之间的依赖程度

三、编程题

1. 按照三层架构的模式实现留言管理系统中的发表留言功能。

2. 按照三层架构的模式编写一个火车票查询系统，创建数据表 ticket，包含火车车次、出发地、目的地、发车时间、硬座余票、硬卧余票、软卧余票；制作查询页面，当用户输入出发地和目的地时可以将数据表中所有符合条件的信息查询并显示出来。

模块六　Java Web 开发业务应用

模块简介

在上一个模块中我们学习了软件设计分层模式，会使用分层架构实现 Web 应用系统。然而目前基于 Internet 的 Web 应用越来越丰富，比如数据分页显示、文件上传和数据统计图表等都是非常实用的 Web 业务应用，本模块就带领大家来学习这些实用技术。

学习导航

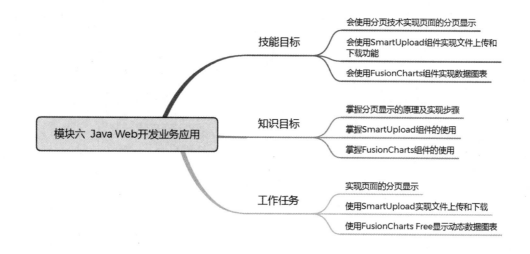

实现页面的分页显示

6.1　任务一　实现页面的分页显示

问题引入

使用 JDBC 技术能将数据表中的数据显示在 JSP 页面上，当表中记录数很多时，在页面上显示所有数据行会存在这样的问题：受页面的限制用户必须要拖动页面才能浏览更多的数据，而且页面也显得冗长。有没有一种显示方式，既能够显示查询到的所有数据行，又不需要拖动页面呢？

实现思路

可以使用分页的形式显示数据，使数据更加清晰直观，页面不再冗长，也不受数据量的限制。比较好的分页做法是每次翻页的时候只从数据库里检索出本页需要的数据。

知识链接

分页需要关注以下两个关键点：

（1）计算总页数。

如果总记录数能够被每页显示记录数整除，那么：

    总页数 = 总记录数 / 每页显示记录数

如果总记录数不能够被每页显示记录数整除，那么：

    总页数 = 总记录数 / 每页显示记录数 +1

（2）计算分页查询时的起始记录数。

    起始记录的下标 =(当前页码 -1)* 每页显示的记录数

任务实现

6.1.1 计算显示的页数

根据实际情况确定每页显示的数据数量，显示的页数同数据表中记录的总数和每页显示的数据数量相关。具体步骤如下：

（1）在数据访问层编写相关方法获取数据库中总的记录数。以留言管理系统为例，获取 Message 表中的总记录数。

清单 6-1   MessageDaoImpl.java 中的 getCount() 方法。

```java
public int getCount(){
    String sql="SELECT count(*) FROM message";   //使用count()函数获取总记录数
    int count=0;
    try {
        conn = BaseDao.getConn();                //获取数据库连接
        pstmt = conn.prepareStatement(sql);      //获取PreparedStatement对象
        rs = pstmt.executeQuery();               //执行SQL取得查询结果集
        if(rs.next()) {
            count=rs.getInt(1);
        }
    } catch (ClassNotFoundException e) {
        e.printStackTrace();
    } catch (SQLException e) {
        e.printStackTrace();
    } finally{
        BaseDao.closeAll(conn, pstmt, rs);
    }
    return count;
}
```

（2）在业务逻辑层编写相关方法来计算页数。

清单 6-2   MessageBizImpl.java 中的 getTotalPages() 方法。

```java
public int getTotalPages(int pageSize){
    int totalpages=0;
    int totalcount=new MessageDaoImpl().getCount();
    totalpages=(totalcount%pageSize==0)?(totalcount/pageSize):(totalcount/pageSize+1);
    return totalpages;
}
```

上面的代码中使用了条件三元运算符 ?: 进行数据处理。

6.1.2 获取当前页的数据

在数据访问层创建带有参数的分页查询方法，该方法包含一个 page 参数，用于传递要查询的页码，查询的结果封装到 List 集合对象中。

清单 6-3　MessageDaoImpl.java 中的 listByPage() 方法。

```java
public List listByPage(int page){//page代表当前页
    List list = new ArrayList();
    int rowBegin = 0;              //开始行数，表示每页第一条记录在数据库中的行数
    if (page > 1 ) {
        rowBegin =5*(page-1);      //按页数取得开始行数，设每页可以显示5条留言
    }
    String sql = "SELECT  *  FROM message ORDER BY id limit ?,? ";
    try {
        conn = BaseDao.getConn();
        pstmt = conn.prepareStatement(sql);
        pstmt.setInt(1, rowBegin);
        pstmt.setInt(2,5);
        rs = pstmt.executeQuery();
        while(rs.next()) {
            Message message = new Message();
            message.setId(rs.getInt("id"));
            message.setMessage(rs.getString("message"));
            message.setAuthor(rs.getString("author"));
            message.setPostTime(rs.getString("postTime"));
            list.add(message);
        }
    } catch (ClassNotFoundException e) {
        e.printStackTrace();
    } catch (SQLException e) {
        e.printStackTrace();
    } finally{
        BaseDao.closeAll(conn, pstmt, rs);
    }
    return list;
}
```

每页显示的第一条数据行号应该等于每页显示的数据量 *(当前页码 -1)，listByPage 方法用于实现查询 page 页中的记录，主要应用 LIMIT 关键字编写分页查询的 SQL 语句。

6.1.3 在 Web 页面中分页设置

在表示层编写 Web 页面文件进行分页的设置。

清单 6-4　index.jsp 分页设置关键代码。

```jsp
<%
request.setCharacterEncoding("GBK");
MessageBiz mbiz = new MessageBizImpl();
int pageSize = 5;                //每页显示5条记录
int totalpages = new MessageBizImpl().getTotalPages(pageSize);
List mlist = new ArrayList();
```

```jsp
String p = request.getParameter("page");          //获取页码参数
int np = 1;               //np为当前页，表示页面初次打开时当前页为第一页
if (p != null && !p.equals(""))
    np = Integer.parseInt(p);   //从请求参数中获取当前页的值
if (np > totalpages)         //当到达最后页再向下翻页时，当前页仍为最后页
    np = totalpages;
elseif (np < 1)              //当前页为第一页再向上翻页时，当前页仍为第一页
    np = 1;
mlist = mbiz.turnPage(np);   //获得当前页显示的数据行
%>
<body>
    <div align="center">
        <h3>
            访客留言板
        </h3>
    </div>
    <div>
        <%
            for (int i = 0; i < mlist.size(); i++) {
                Message message = (Message) mlist.get(i);
        %>
        <div class="all">
            <div class="a1">
                作者：<%=message.getAuthor()%></div>
            <div align="right"><%=5 * (np - 1) + i + 1%>#
            </div>
            <div><%=message.getMessage()%></div>
            <div align="right">
                发表时间：<%=message.getPostTime()%></div>
        </div>
        <p>
        <%
            }
        %>
    </div>
    <div>
        <div align="right" style="font-size: 12px;">
            <a href="index.jsp?page=<%=np - 1%>">上一页</a>   
            <a href="index.jsp?page=<%=np + 1%>">下一页</a>
        </div>
    </div>
```

运行效果如图 6-1 所示。

以上代码解决了分页设置中的以下要点：

- 当前页的确定。代码中使用 np 变量表示当前页，当页面初次打开时页面默认是第一页，其他情况下当前页是通过翻页的超链接传递参数获取的。
- 分页的设置。可以通过当前页页码确定上一页（当前页 -1）、下一页（当前页 +1），并将对应的页码作为当前页的值进行传递，以便刷新页面后获取的是新的数据。

```jsp
<a href="index.jsp?page=<%=np + 1%>">下一页</a>
```

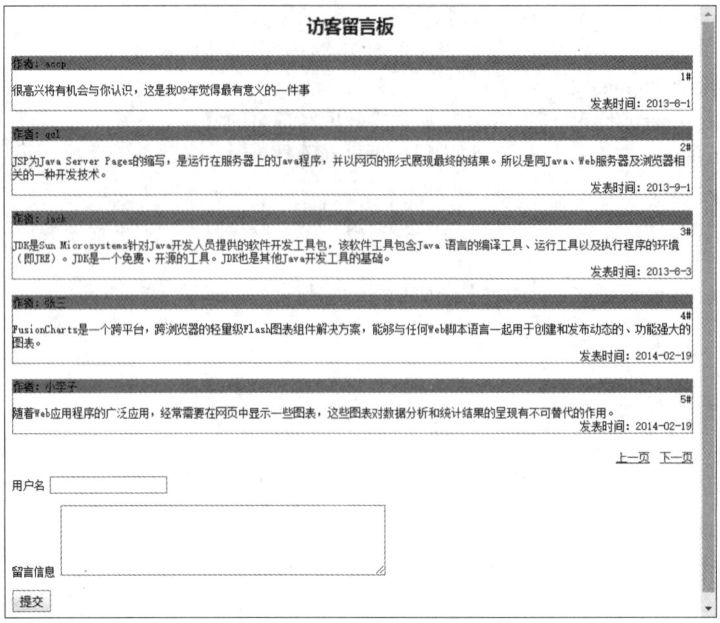

图 6-1　留言板首页分页显示

- 翻页时首页与末页的控制。当 JSP 获取到超链接传递过来的当前页的值时，如果当前页的值小于 1，表示原来已经是首页了继续翻上一页的情况，这时应该将当前页的值修改为 1；如果当前页的值大于总页数，表示原来已经是末页了继续翻下一页的情况，这时应该将当前页的值修改为总页数。

```
if (np > totalpages)    np = totalpages;
else if (np < 1)np = 1;
```

同步实训任务单

实训任务单

任务名称	分页显示联系人表		
训练要点	分页技术		
需求说明	模拟个人通讯录在数据库中创建联系人表，字段不限；编写代码实现从数据库中读取联系人并以分页方式显示		
完成人		完成时间	
实训步骤			

任务小结

实现数据分页显示需要经过以下步骤：
（1）确定每页显示的数据数量。
（2）确定分页显示所需的总页数。
（3）编写 SQL 查询语句，获取当前页的数据。
（4）在 Web 页面中进行分页显示设置。

6.2 任务二 使用 SmartUpload 组件实现文件上传下载

SmartUpload 组件的使用

问题引入

在 Web 应用系统中常会使用到文件的上传和下载，比如发送或查看带有附件的邮件、QQ 群中群文件的上传与下载等，文件的上传下载功能从技术上是如何实现的呢？

实现思路

目前网络中有很多实用的文件上传和下载组件，可以帮助我们实现文件上传和下载的功能，应用较多的是 SmartUpload 组件，该组件使用简单，下面就来重点学习该组件的使用。

知识链接

1. SmartUpload 简介

SmartUpload 组件是一个实现文件上传和下载的免费组件，因为使用简单方便而被广泛使用。SmartUpload 组件具有以下几个特点：

- 使用简单：SmartUpload 组件可以方便地嵌入到 JSP 文件中，在 JSP 文件中仅编写少量代码即可完成文件的上传和下载功能，十分方便。
- 能够全程控制上传内容：使用 SmartUpload 组件提供的对象及操作方法可以获得全部上传文件的信息，包括文件名称、类型、大小等，方便操作。
- 能够对上传文件的大小、类型进行控制：为了避免在上传过程中出现异常数据，在 SmartUpload 组件中专门提供了相应的方法用于限制不符合要求的文件数据。

2. 获取和部署 SmartUpload 组件

SmartUpload 组件可以在网络上自由下载，解压 .zip 文件，查找到 smartupload.jar 文件，将其放在 Web 项目的 \WEB-INF\lib 文件夹下。

3. 设置表单属性

一般的输入类型（如 text、password、radio、checkbox、select）传送表单数据到服务器时所使用的编码方式为 application/x-www-form-urlencoded，这也是表单采用 post 方式时的默认编码方式。在接受表单数据时，可以直接使用 request.getParameter() 来取得。

但是文件通常都是一些大容量的二进制数据，要将它们传送到服务器时必须将表单的编码方式设置为 multipart/form-data，这样浏览器会以二进制流的形式上传数据。因此需要在表单属性中添加属性 enctype，该属性的设置方法如下：

```
<form enctype="multipart/form-data" method="post">
```

其中 method 属性必须是 post。可以使用 SmartUpload 对象的 getRequest() 方法获取 com.jspsmart.upload.Request 对象，通过该对象获取表单中的信息。

4. SmartUpload 组件常用类

（1）File 类。File 类的作用是封装单个上传文件所包含的所有信息。通过调用 File 类的方法可以方便地获取到有关上传文件的信息。File 类提供的常用方法如表 6-1 所示。

表 6-1　File 类的常用方法

名称	描述
public void saveAs(String destFilePathName)	将文件保存，参数 destFilePathName 是保存的文件名
public void saveAs(String destFilePathName,int optionSaveAs)	将文件保存，参数 destFilePathName 是保存的文件名，参数 optionSaveAs 表示保存的选项
public boolean isMissing()	用于判断用户是否选择了文件，即对应的表单项是否有值。选择了文件时，它返回 false；未选文件时，它返回 true
public String getFieldName()	取 HTML 表单中对应于此上传文件的表单项的名字
public String getFileName()	取上传文件的文件名（不含目录信息）
public String getFilePathName()	取上传文件的文件全名（带目录）
public String getFileExt()	取文件扩展名（后缀）
public int getSize()	取文件长度（以字节计）
public String getContentString()	获取文件的内容，返回值为字符串类型

（2）Files 类。Files 类与 File 类的区别在于，File 类包含了单个上传文件的信息，而 Files 类表示所有上传文件的集合，通过它可以得到上传文件的数量、大小等信息。Files 类提供的常用方法如表 6-2 所示。

表 6-2　Files 类的常用方法

名称	描述
public int getCount()	取得上传文件的数目
public File getFile(int index)	取得指定位移处的文件对象 File
public long getSize()	取得上传文件的总长度，可用于限制一次性上传的数据量大小
public Collection getCollection()	将所有上传文件对象以 Collection 的形式返回，以便其他应用程序引用、浏览上传文件信息

（3）SmartUpload 类。SmartUpload 类用于实现文件的上传与下载操作，其提供的常用方法如表 6-3 所示。

表 6-3　SmartUpload 类的常用方法

名称	描述
public final void initialize(javax.servlet.jsp.PageContext pageContext)	执行上传下载的初始化工作，必须第一个执行
public void upload()	上传文件数据，在 initialize() 方法后执行此方法
public int save(String destPathName)	将全部上传文件保存到指定目录下并返回保存的文件个数
public void setAllowedFilesList(String allowedFilesList)	设定允许上传带有指定扩展名的文件，当上传过程中有文件名不允许时，组件将抛出异常。其中，allowedFilesList 为允许上传的文件扩展名列表，各个扩展名之间以逗号分隔。如果想允许上传那些没有扩展名的文件，可以用两个逗号表示，例如 setAllowedFilesList("doc,txt,,")
public void setDeniedFilesList(String fileList)	指定了禁止上传的文件扩展名列表，每个扩展名之间以逗号分隔

续表

名称	描述
public void setMaxFileSize (long filesize)	设定每个文件允许上传的最大长度
public void setTotalMaxFileSize (long totalfilesize)	设定允许上传文件的总长度

任务实现

6.2.1 应用 SmartUpload 组件上传文件

【例 6-1】使用图 6-2 所示的页面作为文件上传页面,提交表单后将文件上传至服务器的指定位置,同时获取文件名,将文件名插入数据表 file 中。其中 file 表有 id 字段和 filename 字段。文件上传成功页面如图 6-3 所示。

图 6-2 文件上传页面

图 6-3 文件上传成功页面

实现步骤如下:

(1) 编写文件上传页面 file.jsp。

清单 6-5　file.jsp 关键代码。

```
<form enctype="multipart/form-data" method="post" action="uploadfile.jsp">
  选择文件:<input type="file" name="nfile"><br>
  <input type="submit" value="上传">
</form>
```

(2) 编写 uploadfile.jsp,实现文件上传功能。

清单 6-6　uploadfile.jsp 代码。

```
<%@ page language="java" contentType="text/html; charset=GBK" import="com.jspsmart.upload.*,biz.*"
  pageEncoding="GBK"%>
<%
SmartUpload su = new SmartUpload();
su.initialize(pageContext);    //初始化SmartUpload对象
try {
  su.setCharset("GBK");
  su.upload();            //执行上传
} catch (Exception e) {
  e.printStackTrace();
}
//得到单个上传文件的信息
```

```
        com.jspsmart.upload.File file = su.getFiles().getFile(0);
        //设置文件在服务器上的保存位置
        String filepath = "\\ch6\\upload\\";
        filepath += file.getFileName();
        try {
            //以Web应用程序的根目录作为另存文件的保存目录
            file.saveAs(filepath, SmartUpload.SAVE_VIRTUAL);
            //以操作系统的根目录（如d:\）作为另存文件的保存目录
            file.saveAs("D:\\" + filepath, SmartUpload.SAVE_PHYSICAL);
        } catch (Exception e) {
            e.printStackTrace();
        }
        String filen="";
        if (!file.isMissing())  filen=file.getFileName();      //取得文件名称
        if(new fileBiz().fileUpLoad(filen))                    //插入到数据表中
            response.sendRedirect("uploadok.jsp");
        else response.sendRedirect("error.jsp");
%>
```

首先要在 JSP 文件中使用 page 指令导入 SmartUpload 组件所需的类。然后实例化一个 SmartUpload 对象，使用该对象的 initialize() 方法进行初始化。初始化完毕后，必须要调用 upload() 方法实现文件数据的上传，在此过程中要进行异常处理。为获取用户上传文件信息需要创建一个 File 类的实例，getFile(0) 返回上传文件集合中的第一个文件信息。最后使用 saveAs() 方法将文件保存在指定的路径中。

6.2.2 应用 SmartUpload 组件下载文件

【例 6-2】实现显示服务器上存在的文件并进行下载的功能，如图 6-4 和图 6-5 所示。

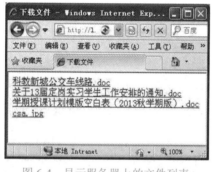

图 6-4 显示服务器上的文件列表

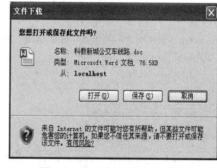

图 6-5 点击超链接进行下载

实现步骤如下：

（1）编写 Web 页面文件，显示数据表中的文件。

清单 6-7   download.jsp。

```
<%@ page language="java" contentType="text/html; charset=GBK" import="com.jspsmart.upload.*,biz.*,
  java.util.*,entity.*" pageEncoding="GBK"%>
<html>
<head>
  <meta http-equiv="Content-Type" content="text/html; charset=GBK">
  <title>下载文件</title>
```

```jsp
</head>
<body>
  <%
  List filelist=new fileBiz().showFile();
  for(int i=0;i<filelist.size();i++){
    f fn=new f();
    fn=(f)filelist.get(i);
  %>
    <a href="dodown.jsp?filename=<%=fn.getFilename()%>"><%=fn.getFilename()%></a><br>
  <%
  }
  %>
</body>
</html>
```

（2）编写 JSP 文件，使用 SmartUpload 组件的 downloadFile() 方法实现文件下载功能。

清单 6-8　dodown.jsp。

```jsp
<%@ page language="java" contentType="text/html; charset=GBK" import="com.jspsmart.upload.*"
pageEncoding="GBK"%>
<html>
<head>
  <meta http-equiv="Content-Type" content="text/html; charset=GBK">
  <title>Insert title here</title>
</head>
<body>
  <% //获取请求参数，进行中文乱码处理
  String filename=new String(request.getParameter("filename").getBytes("ISO8859-1"),"GBK");
  SmartUpload downfile = new SmartUpload();
  downfile.initialize(pageContext);                //初始化SmartUpload对象
  //设定ContentDisposition为null以禁止浏览器自动打开文件
  downfile.setContentDisposition(null);
  String fileName="/upload/"+filename;    //获得下载的文件名（带路径）
  try{
    downfile.setCharset("gbk");
    downfile.downloadFile(fileName);        //下载文件
  }catch(Exception e){
    e.printStackTrace();
  }
  out.clear();
  out = pageContext.pushBody();
  %>
</body>
</html>
```

由于 JSP 容器在处理完请求后会调用 releasePageContet() 方法释放所用的 pageContext 对象，并且同时调用 getWriter() 方法，由于 getWriter() 方法与在 JSP 页面中使用流相关的 getOutputStream() 方法冲突，为解决该冲突，需要在 JSP 页面的最后加上两条语句：out.clear(); 和 out=pageContext.pushBody();。

同步实训任务单

实训任务单

任务名称	发布图片新闻		
训练要点	使用 SmartUpload 组件上传文件		
需求说明	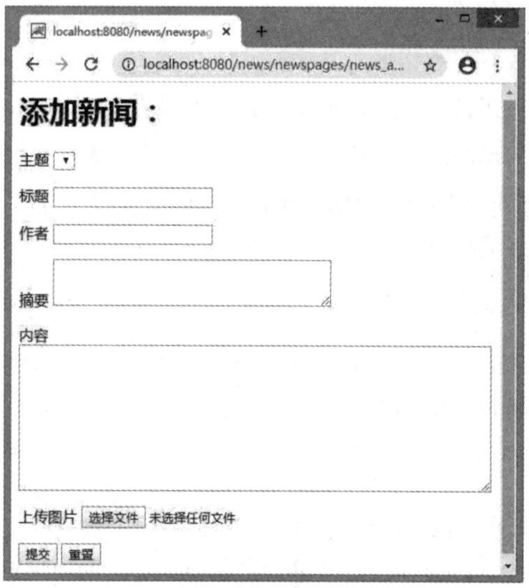 管理员在发布新闻时可以同时实现新闻图片的上传。对于上传的图片要进行控制，要求如下： ● 允许上传的图片类型为 GIF 文件、JPG 文件、JPEG 文件。 ● 上传图片的大小不能超过 5MB。 页面效果如图 6-6 所示。 图 6-6　新闻发布页面		
完成人		完成时间	
实训步骤			

任务小结

SmartUpload 组件是实现文件上传和下载的免费组件，可以在 JSP 中实现文件的上传和下载。它使用简单方便，能够全程控制上传的内容、大小、类型等。

使用 SmartUpload 组件过程中，在文件上传表单页面中需要设置表单属性 enctype="multipart/form-data"，设置提交方式 method="post"。

SmartUpload 相关类提供了封装好的用于文件操作的方法，这些类具体如下：

● File 类：封装了一个上传文件的所有信息。
● Files 类：表示所有上传文件的集合，借助 Files 类可以获取上传文件的数目、大小等信息。
● Request 类：Com.jspsmart.upload.Request 对象用于获取文件上传页面中的表单数据，

其作用与 JSP 内置 request 对象的功能相同。
- SmartUpload 类：专门用于处理文件的上传和下载，在应用时必须先调用 initialize() 进行初始化。

6.3 任务三 使用图表组件显示动态数据图表

FusionCharts Free 的使用

问题引入

随着 Web 应用程序的广泛应用，经常需要在网页中显示一些图表，这些图表对数据分析和统计结果的呈现有不可替代的作用。在 B/S 开发模式下，一般通过引入图表组件的方式开发图表，如何在 Java Web 项目中显示动态数据图表呢？

实现思路

基于 Flash 技术的动态统计图组件 FusionCharts Free（以下简称 FCF）是目前 Web 开发中较流行的图表组件。FCF 是一个跨平台跨浏览器的轻量级 Flash 图表组件解决方案，能够与任何 Web 脚本语言一起用于创建和发布动态的、功能强大的图表。FCF 充分利用流体美丽的 Flash 为模板，使用 XML 作为其数据接口，创造紧凑、互动和真正的动态图表。下面就来重点学习该组件的使用。

知识链接

1. FusionCharts Free 概述

FusionCharts Free 是一个跨平台跨浏览器的轻量级 Flash 图表组件解决方案，可以用来提供数据驱动的动态图表。通过 Adobe Flash，用 XML 格式的数据输入实现数据展示的图表化、动态化和交互性。用 FCF 实现图形展示需要 Flash 图形样式文件、XML 文件、FusionCharts.js 文件、页面展示文件这 4 个文件。各类型文件所起的作用如表 6-4 所示。

表 6-4 使用 FusionCharts Free 实现图形展示所需文件列表

文件	作用
Flash 图形样式文件（*.swf）	定义了展示的图形类型（如 3D 饼图等）
XML 文件	存放图形展示的数据及 Flash 的样式，以 <chart> 开头，以 </chart> 结束；或者以 <graph> 开头，以 </graph> 结束
FusionCharts.js 文件	根据 XML 文件来设置生成 Flash 的样式，如图形展示方式、线条颜色、面板颜色、字体大小、字体颜色、是否显示数值和趋势线等
页面展示文件	用于指定 *.swf、*.xml 和 FusionCharts.js 的位置生成图形化展示

FCF 可以通过网络下载。将 FCF 解压到任意一个目录后，单击目录下的 index.html 即可打开 FCF 的文档。所有的 SWF 文件（共 22 个）都在 FusionChartsFree\Charts 文件夹中。如果需要在 Web 应用里创建图形，则把这些 SWF 文件都拷到应用的下面。FusionCharts.js 文件放在 FusionChartsFree\JSClass 文件夹中。这些文件能够实现用一种友好的方式把图形嵌入到 HTML 页面中。所有的示例代码都放在 FusionChartsFree\Code 文件夹中。

2. 应用 FusionCharts Free 显示图形

FCF 采用了图表显示载体（Flash 图形样式文件）和图表数据分离的独特工作原理，方便应用程序开发，同时支持以静态和动态数据模式生成图表。图 6-7 所示为 FCF 显示图表工作模式。其中图表数据采取两种模式获取，模式 1 通过 XML 文件获取数据，模式 2 通过查询数据库动态创建 XML 文档的方式获取数据。

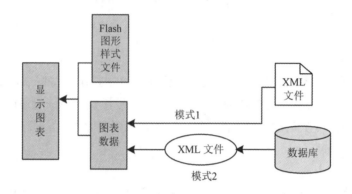

图 6-7　FusionCharts 显示图表工作模式

任务实现

例 6-3 是使用 FCF 应用模式 1 来实现数据图表。

【例 6-3】创建一个简单的 3D 柱状图形，用它来展示每月销售情况摘要（如表 6-5 所示），显示效果如图 6-8 所示，其中图形数据来自 Data.xml 文件。

表 6-5　每月销售情况摘要

月份	销售量	月份	销售量
Jan	462	Jul	629
Feb	857	Aug	622
Mar	671	Sep	376
Apr	494	Oct	494
May	761	Nov	761
Jun	960	Dec	960

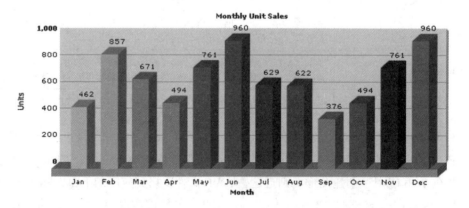

图 6-8　页面显示效果

实现步骤如下：

（1）通过网络下载 FCF，解压文件包。

（2）设置 SWF 文件。在 Web 应用根目录下新建一个名为 Charts 的文件夹（文件夹的名字由用户设定），把所有的 SWF 文件都拷贝到这个 Charts 文件夹中。

（3）创建 XML 数据文档。FCF 只接受 XML 格式的数据，其他如 Excel、CSV、text 等都不接受。名为 Data.xml 的 XML 文件保存在 Web 应用根目录下的 Data 文件夹中。

清单 6-9　Data.xml 代码。

```xml
<graph caption='Monthly Unit Sales' xAxisName='Month' yAxisName='Units' decimalPrecision='0' formatNumberScale='0'>
    <set name='Jan' value='462' color='AFD8F8' />
    <set name='Feb' value='857' color='F6BD0F' />
    <set name='Mar' value='671' color='8BBA00' />
    <set name='Apr' value='494' color='FF8E46' />
    <set name='May' value='761' color='008E8E' />
    <set name='Jun' value='960' color='D64646' />
    <set name='Jul' value='629' color='8E468E' />
    <set name='Aug' value='622' color='588526' />
    <set name='Sep' value='376' color='B3AA00' />
    <set name='Oct' value='494' color='008ED6' />
    <set name='Nov' value='761' color='9D080D' />
    <set name='Dec' value='960' color='A186BE' />
</graph>
```

上面的代码中，有一个名为 <graph> 的 root 元素，它还有一些属性，caption 用来定义标题，xAxisName 定义横坐标轴的显示文字，yAxisName 定义纵坐标轴的显示文字。还可以看到有很多 <set> 元素，用来描述数据。name 属性用来表示月份名称，value 属性表示销售额，color 属性表示图形颜色。

（4）编写 SimpleChart.jsp 文件。

清单 6-10　SimpleChart.jsp 关键代码。

```jsp
<!--加载FusionCharts.js文件 -->
<SCRIPT LANGUAGE="Javascript" SRC="Charts/FusionCharts.js"></SCRIPT>
<body>
    <!--省略部分代码-->
    <jsp:include page="Includes/FusionChartsRenderer.jsp" flush="true">
    <jsp:param name="chartSWF" value="Charts/FCF_Column3D.swf" />
    <jsp:param name="strURL" value="Data/Data.xml" />
    <jsp:param name="strXML" value="" />
    <jsp:param name="chartId" value="myFirst" />
    <jsp:param name="chartWidth" value="600" />
    <jsp:param name="chartHeight" value="300" />
    <jsp:param name="debugMode" value="false" />
    <jsp:param name="registerWithJS" value="false" /></jsp:include>
</body>
```

例 6-3 中采用了 JSP 的 include 标签，包含了一个名为 FusionChartsRenderer.jsp（就在下载包 \Code\JSP\Includes 文件夹里）的 JSP 页面，它输出的是一段采用 JavaScript 来加载图形的代码。debugMode 和 registerWithJS 必须是 false，因为在 FCF 里是没有调试功能的。这个 JSP 页面最终输出的是一段采用 HTML 来加载图形的代码。

在现实生活中,数据往往来自数据库,那么如何使用 FCF 来将数据库中的数据以数据图表的方式显示在页面中呢?

例 6-4 是使用 FCF 应用模式 2 来实现数据图表。

【例 6-4】创建一个简单的 3D 柱状图形,用它来展示每月销售情况摘要,显示效果如图 6-9 所示,其中图形数据来自数据库。

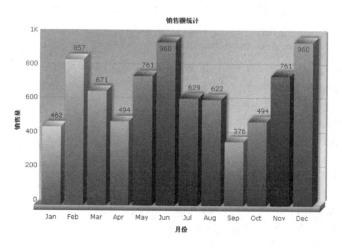

图 6-9　页面显示效果

实现步骤如下:

(1) 创建数据库和数据表 charts,表结构如表 6-6 所示,输入表 6-5 中的数据。

表 6-6　charts 表结构

字段名称	数据类型	说明
id	int	编号,关键字,自增
month	varchar	月份
sales	double	销售量

(2) 设置 SWF 文件。在 Web 应用根目录下新建一个名为 Charts 的文件夹(文件夹的名字由用户设定),把所有的 SWF 文件都拷贝到这个 Charts 中。

(3) 使用分层架构进行相关类的编写。

1) 创建 VO 类。

清单 6-11　MyCharts.java 代码。

```
package entity;
public class MyCharts {
    private int id;
    private String month;
    private double salse;
    public int getId() {
        return id;
    }
    public void setId(int id) {
        this.id = id;
    }
    public String getMonth() {
```

```
        return month;
    }
    public void setMonth(String month) {
        this.month = month;
    }
    public double getSalse() {
        return salse;
    }
    public void setSalse(double salse) {
        this.salse = salse;
    }
}
```

2）定义工具类。需要定义两个工具类：一个用于获得数据库连接和释放资源，另一个用于对 XML 文档进行操作。

清单 6-12　BaseDao.java 工具类代码。

```java
package util;
import java.sql.*;
public class BaseDao {
    public final static String driver = "com.mysql.jdbc.Driver";
    public final static String url = "jdbc:mysql://localhost:3306/charts";    // url
    public final static String dbName = "root";           //数据库用户名
    public final static String dbPass = "123";            //数据库密码
    public static Connection getConn() throws ClassNotFoundException,SQLException {
        Class.forName(driver);                //注册驱动
        Connection conn = DriverManager.getConnection(url, dbName, dbPass);    //获得数据库连接
        return conn;        //返回连接
    }
    public static void closeAll(Connection conn, PreparedStatement pstmt,ResultSet rs) {
        if (rs != null) {
            try {
                rs.close();
            } catch (SQLException e) {
                e.printStackTrace();
            }
        }
        if (pstmt != null) {
            try {
                pstmt.close();
            } catch (SQLException e) {
                e.printStackTrace();
            }
        }
        if (conn != null) {
            try {
                conn.close();
            } catch (SQLException e) {
                e.printStackTrace();
            }
        }
    }
}
```

还有一个工具类主要对 XML 文档进行操作，可以使用开源项目 dom4j 来操作 XML 文档。dom4j 应用于 Java 平台，具有性能优异、功能强大和易于使用等特点，目前越来越多的 Java 软件都在使用 dom4j 来读写 XML。

在使用 dom4j 操作 XML 文档时需要下载 dom4j 组件，dom4j 组件可以到 dom4j 官网 http://dom4j.sourceforge.net/ 上下载。在本项目中，需要将下载的 dom4j.jar 文件复制到工程的 WEB-INF/lib 目录中，然后编写 FusionChartXMLUtil.java。

清单 6-13　FusionChartXMLUtil.java。

```java
package util;
import org.dom4j.Document;
import org.dom4j.DocumentHelper;
import org.dom4j.Element;
public class FusionChartXMLUtil {
    private Document document = null;
    public Document getDocument() {
        return document;
    }
    /**
     * 构造方法，初始化Document
     */
    public FusionChartXMLUtil() {
        document = DocumentHelper.createDocument();     //创建XML文档对象
    }
    /**
     * 生成根节点
     */
    public Element addRoot(String rootName) {
        Element root = document.addElement(rootName);
        return root;
    }
    /**
     * 生成节点
     */
    public Element addNode(Element parentElement, String elementName) {
        Element node = parentElement.addElement(elementName);
        return node;
    }
    /**
     * 为节点增加一个属性
     */
    public void addAttribute(Element thisElement, String attributeName,
    String attributeValue) {
        thisElement.addAttribute(attributeName, attributeValue);
    }
    /**
     * 为节点增加多个属性
     */
    public void addAttributes(Element thisElement, String[] attributeNames,
    String[] attributeValues) {
        for (int i = 0; i < attributeNames.length; i++) {
            thisElement.addAttribute(attributeNames[i],
```

```
        attributeValues[i]);
    }
}
/**
 * 增加节点的值
 */
public void addText(Element thisElement, String text) {
    thisElement.addText(text);
}
/**
 * 获取最终的XML
 */
public String getXML() {
    return document.asXML().substring(39);
}
}
```

可以看到使用 dom4j 能够很方便地创建 XML 文档对象，使用 DocumentHelper 类的 createDocument() 可以创建一个 XML 文档对象，XML 文档对象的 addElement() 方法用来生成根节点，Element 对象的 addElement() 方法可以为指定的节点添加子节点，Element 对象的 addAttribute() 方法可以为指定的节点添加属性，Element 对象的 setText() 方法可以为节点添加文本内容。

3）定义 DAO 类，获取数据库中的数据。

清单 6-14　ChartsDao.java。

```java
package dao;
import java.sql.*;
import java.util.ArrayList;
import java.util.List;
import util.BaseDao;
import entity.MyCharts;
public class ChartsDao {
    public List<MyCharts> getCharts(){
        List<MyCharts> list=new ArrayList<MyCharts>();
        String sql="SELECT * FROM charts";
        try {
            Connection conn=BaseDao.getConn();
            PreparedStatement pstmt=conn.prepareStatement(sql);
            ResultSet rs=pstmt.executeQuery();
            while(rs.next()){
                MyCharts charts=new MyCharts();
                charts.setId(rs.getInt("id"));
                charts.setMonth(rs.getString("month"));
                charts.setSalse(rs.getDouble("sales"));
                list.add(charts);
            }
            BaseDao.closeAll(conn, pstmt, rs);
        } catch (ClassNotFoundException e) {
            e.printStackTrace();
        } catch (SQLException e) {
            e.printStackTrace();
        }
```

```
        return list;
    }
}
```

ChartsDao.java 用来获取数据表中的所有数据，存放在 Java 集合中。

4）定义业务逻辑实现类，用于生成 XML 文档。

清单 6-15　ChartsBiz.java。

```java
package biz;
import java.io.PrintWriter;
import java.util.List;
import javax.servlet.http.HttpServletResponse;
import org.dom4j.Element;
import util.FusionChartXMLUtil;
import dao.ChartsDao;
import entity.MyCharts;
public class ChartsBiz {
    public String getXML() throws Exception{//获取XML文档
        FusionChartXMLUtil xml = new FusionChartXMLUtil();
        Element chart = xml.addRoot("chart");
        xml.addAttribute(chart, "caption", "销售额统计");
        xml.addAttribute(chart, "basefontsize", "12");
        xml.addAttribute(chart, "xAxisName", "月份");
        xml.addAttribute(chart, "yAxisName", "销售量");
        List list=new ChartsDao().getCharts();
        for(int i=0;i<list.size();i++){
            MyCharts mychart=(MyCharts) list.get(i);
            Element set = xml.addNode(chart, "set");
            set.addAttribute("label",mychart.getMonth());
            set.addAttribute("value", Double.toString(mychart.getSalse()));
        }
        String chartXML = xml.getXML();
        return chartXML;
    }
}
```

5）编写页面文件。

清单 6-16　ColumnData.jsp。

```jsp
<%@ page language="java" contentType="text/html; charset=GBK" import="biz.*"pageEncoding="GBK"%>
<%
    request.setCharacterEncoding("GBK");
    response.setCharacterEncoding("GBK");
    response.setContentType("text/xml");
%>
<%=new ChartsBiz().getXML()
%>
```

清单 6-17　index.jsp。

```jsp
<%@ page language="java"  pageEncoding="GBK" %>
<html>
    <head>
        <title>使用FCF显示数据库中的数据</title>
        <!--加载FusionCharts.js文件-->
        <script type="text/javascript" src="Charts/FusionCharts.js"></script>
```

```
    </head>
    <body>
        <% String strDataURL="";
          strDataURL = "ColumnData.jsp";%>
        <jsp:include page="Includes/FusionChartsRenderer.jsp" flush="true">
        <jsp:param name="chartSWF" value="Charts/Column3D.swf" />
        <jsp:param name="strURL" value="<%=strDataURL%>" />
        <jsp:param name="strXML" value="" />
        <jsp:param name="chartId" value="FactorySum" />
        <jsp:param name="chartWidth" value="650" />
        <jsp:param name="chartHeight" value="450" />
        <jsp:param name="debugMode" value="false" />
        <jsp:param name="registerWithJS" value="false" />
        </jsp:include>
    </body>
</html>
```

FCF 图表组件使用简单，服务器端负载小，运行速度快，统计图表类型多样美观，图形位置和大小自适应性好，与用户交互多，实用性强，能更好地满足不同用户的需求。以上解决方案给那些需要在 Web 模式下快速实现图表应用的开发人员提供了新的选择。

同步实训任务单

实训任务单

任务名称	以数据图表展示留言数		
训练要点	使用 FusionCharts Free 组件显示数据图表		
需求说明	以数据图表的方式展示当年留言数，横坐标为月份，纵坐标为留言数		
完成人		完成时间	
实训步骤			

任务小结

FusionCharts Free 是一个跨平台跨浏览器的轻量级 Flash 图表组件解决方案，可以用来提供数据驱动的动态图表。数据可以是静态的 XML 文件，也可以是通过访问数据库获取数据生成动态的 XML 格式的数据。

模块六小结

1. 实现数据分页显示需要经过以下步骤：
（1）确定每页显示的数据数量。
（2）确定分页显示所需的总页数。

（3）编写 SQL 查询语句，获取当前页的数据。

（4）在 JSP 页面中进行分页显示设置。

2．SmartUpload 组件是实现文件上传和下载的免费组件，可以在 JSP 中实现文件的上传和下载。它使用简单方便，能够全程控制上传和下载的内容、大小、类型等。

3．使用 SmartUpload 组件过程中，在文件上传表单页面中需要设置表单属性 enctype="multipart/form-data"，设置提交方式 method="post"。

4．SmartUpload 相关类提供了封装好的用于文件操作的方法，这些类具体如表 6-4 所示。

表 6-4　SmartUpload 组件的相关类

类名	描述
File	封装了一个上传文件的所有信息
Files	表示所有上传文件的集合，借助 Files 类可以获取上传文件的数目、大小等信息
Request	Com.jspsmart.upload.Request 对象用于获取文件上传页面中的表单数据，其作用与 JSP 内置对象 request 的功能相同
SmartUpload	专门用于处理文件的上传和下载，在应用时必须先调用 initialize() 进行初始化

5．FusionCharts Free 是一个跨平台跨浏览器的轻量级 Flash 图表组件解决方案，可以用来提供数据驱动的动态图表。用 FusionCharts Free 实现图形展示需要 Flash 图形样式文件、XML 文件、FusionCharts.js 文件、页面展示文件这 4 个文件。数据可以是静态的 XML 文件，也可以是通过访问数据库获取数据生成动态的 XML 格式的数据。

习题六

习题答案

一、填空题

1．要上传文件，通常需要在表单中使用一个或多个 _____，将表单的编码方式设置为 _____。

2．使用 SmartUpload 组件执行文件操作时，使用 _____ 方法将文件存储在指定的路径中。

3．使用 SmartUpload 组件的 _____ 方法实现文件下载功能。

4．用 FusionCharts Free 实现图形展示需要 _____、_____、_____ 和 _____ 这 4 个文件。

二、选择题

1．下面不属于分页实现步骤的是（　　）。

　　A．确定每页显示的数据数量

　　B．计算总页数

　　C．编写查询 SQL 语句

　　D．使用下拉列表显示页数

2．声明 SmartUpload 对象的正确方法是（　　）。

  A．SmartUpload su=new SmartUpload();

  B．SmartUpload su=SmartUpload.newInstance();

  C．SmartUpload su=SmartUpload.initialize();

  D．SmartUpload 无需实例化，可以直接使用

3．使用 SmartUpload 实现文件上传时，下列对表单设置的描述中错误的是（　　）。

  A．使用 post 或 get 方式均能实现提交

  B．需要添加表单属性 enctype="multipart/form-data"

  C．使用 HttpRequest 获取表单数据

  D．使用 com.jspsmart.upload.Request 对象获取表单数据

三、编程题

编写一个简历制作系统，通过输入简历信息并上传个人照片最终显示简历页面。

模块七　Servlet 技术基础

模块简介

在 JSP 技术出现之前，如果想生成 HTML 页面，则只有在服务器端运行 Java 程序并输出 HTML 格式内容。运行在服务器端的 Java 程序就是 Servlet。JSP 技术就是基于 Servlet 的，学习 Servlet 有助于理解 JSP 的执行过程，Servlet 2.3 以后版本中的 Filter 也是 Web 开发中经常使用的技术。通过本模块的学习，读者能够掌握 Servlet 的编程模式，了解 Filter 的工作原理，会编写 Servlet 和 Filter。

学习导航

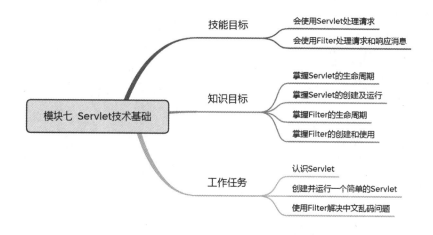

Servlet 概述

7.1　任务一　认识 Servlet

问题引入

JSP 是在 JSP 文件中写入 Java 代码的一种 Web 应用程序开发技术，当服务器运行 JSP 文件时，执行 Java 代码，动态获取数据，并生成 HTML 代码，最终显示在客户端浏览器上。JSP 技术目前被广泛应用，在 JSP 技术出现之前，也可以使用 Java 编写 Web 应用程序，那么是如何编写的呢？

实现思路

在 JSP 技术出现之前，如果想动态生成 HTML 页面，则只有在服务器端运行 Java 程序，并生成 HTML 格式的内容。运行在服务器端的 Java 程序就是 Servlet。

知识链接

1. Servlet 简介

Servlet 是一个符合特定规范的 Java 程序，在服务器端运行，处理客户端请求并做出响应，通常称为"Java 服务器小程序"，它与协议和平台无关。

回顾一下 JSP 在服务器上的执行过程，在图 7-1 中的翻译阶段，即服务器对 JSP 文件进行翻译，将编写好的 JSP 文件通过 JSP 引擎转换成可识别的 Java 源代码，这里的 Java 源代码其实就是 Servlet。

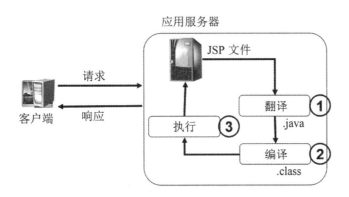

图 7-1　JSP 在服务器上的执行过程

Servlet 拥有与生俱来的跨平台特性，使得 Servlet 程序完全可以在不同的 Web 服务器上执行，Servlet 与普通的 Java 程序一样，是被编译成字节码后在 Servlet 容器管理的 Java 虚拟机中运行，被客户端发来的请求激活，在虚拟机中装载一个 Servlet 就能够处理多个新请求，每个新请求可以使用内存中的同一个 Servlet 副本，执行效率高，很适合用来开发 Web 服务器应用程序。

Servlet 的优点总的来说可以分为以下几个方面：

（1）可移植性好。Servlet 是用 Java 语言编写的，具有完善的 Servlet API 标准，企业编写的 Servlet 程序可以轻松地移植到其他服务器中。

（2）安全高效。Servlet 使用 Java 的安全框架，Servlet 容器保证 Servlet 的安全，Servlet 载入内存并使用多线程，效率很高，加快响应速度。

（3）模块化。每个 Servlet 可以完成一定的任务，不同的 Servlet 可以互相交流数据。

（4）可扩展性。Servlet 接口设计非常精简，便于扩展。

（5）功能强大。Servlet 除了支持 HTTP 访问外，还支持图像处理、数据压缩、多线程、JDBC、RMI、序列化等功能。

2. Servlet 的生命周期

当服务器调用 Servlet 类时，Servlet 对象被创建。从服务器创建 Servlet 对象到该对象被消毁这段时间称为 Servlet 的生命周期。

Servlet 的生命周期分为装载 Servlet、处理客户请求和结束 Servlet 三个阶段，分别由 javax.servlet.Servlet 接口的 init() 方法、service() 方法和 destroy() 方法来实现，如图 7-2 所示。

（1）装载 Servlet。所谓装载 Servlet，实际上是用 Web 服务器创建一个 Servlet 对象，调用这个对象的 init() 方法完成必要的初始化工作。在 Servlet 对象的生命周期内，本方法只调用一次。

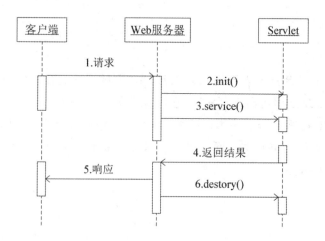

图 7-2 Servlet 的生命周期

（2）处理客户请求。当客户请求到来时，Servlet 引擎将请求对象传递给 service() 方法，同时创建一个响应对象，service() 方法获得请求/响应对象后进行请求处理（调用被覆盖的 doXxx() 方法进行逻辑处理），然后将处理的结果以响应对象的方式返回给客户端。在 Servlet 对象的生命周期内，该方法可能被多次请求，从而被多次调用。

（3）结束 Servlet。当 Web 服务器要卸载 Servlet 或重新装入 Servlet 时，服务器会调用 Servlet 的 destory() 方法将 Servlet 从内存中删除，否则它一直为客户服务。在 Servlet 对象的生命周期内，该方法只调用一次。

任务实现

Servlet 究竟是怎样的呢？下面通过案例来认识一下 Servlet。

【例 7-1】在页面输出文字的 Servlet 程序。

清单 7-1　Hello.java。

```java
import java.io.*;
import javax.servlet.*;           //servlet需要引入的类
import javax.servlet.http.*;      //servlet需要引入的类
public class Hello extends HttpServlet {
    public void doGet(HttpServletRequest request, HttpServletResponse response)
    throws ServletException, IOException {
        response.setContentType("text/html;charset=GBK");
        PrintWriter out = response.getWriter();
        out.println("<!DOCTYPE HTML PUBLIC \"-//W3C//DTD HTML 4.01 Transitional//EN\">");
        out.println("<HTML>");
        out.println("<HEAD><TITLE>A Servlet</TITLE></HEAD>");
        out.println("<BODY>");
        out.println("你好，欢迎来到Servlet世界");
        out.println("</BODY>");
        out.println("</HTML>");
        out.flush();
        out.close();
    }
    public void doPost(HttpServletRequest request, HttpServletResponse response)
        throws ServletException, IOException {
        doGet(request,response);
    }
}
```

可见 Servlet 继承自 HttpServlet 类，通过实现 doGet() 或 doPost() 方法实现功能，编写 Servlet 类时需要引入相关类。

同步实训任务单

实训任务单

任务名称	认识 Servlet 的功能
训练要点	能识别 Servlet 及其功能

需求说明	请写出下列代码的功能：
	import java.io.IOException;
	import java.io.PrintWriter;
	import java.util.Calendar;
	import java.util.Date;
	import java.util.GregorianCalendar;
	import javax.servlet.ServletException;
	import javax.servlet.http.HttpServlet;
	import javax.servlet.http.HttpServletRequest;
	import javax.servlet.http.HttpServletResponse;
	public class WelcomeServlet extends HttpServlet {
	  public void doGet(HttpServletRequest request, HttpServletResponse response)
	    throws ServletException, IOException {
	      this.doPost(request, response);
	  }
	  public void doPost(HttpServletRequest request, HttpServletResponse response)
	    throws ServletException, IOException {
	
	    response.setContentType("text/html;charset=gbk");
	    PrintWriter out = response.getWriter();
	    Calendar calendar = new GregorianCalendar();
	    Date trialTime = new Date();
	    // 使用给定的 Date 设置此 Calendar 的时间
	    calendar.setTime(trialTime);
	    String welcome="";
	    // 获取当前时间的小时
	    int hour= calendar.get(Calendar.HOUR_OF_DAY);
	    if(hour <10)
	      welcome=" 早上好 ";
	    else if(hour < 15)
	      welcome=" 中午好 ";
	    else if(hour < 18)
	      welcome=" 下午好 ";
	    else
	      welcome=" 晚上好 ";
	    out.println("<!DOCTYPE HTML PUBLIC \"-//W3C//DTD HTML 4.01 Transitional//EN\">");
	    out.println("<HTML>");
	    out.println("<HEAD><TITLE>A Servlet</TITLE></HEAD>");
	    out.println("<BODY>");
	    out.println(welcome+"， 欢迎你。");
	    out.println("
	");
	    out.println(" 现在的时间是："+calendar.get(Calendar.HOUR_OF_DAY)+" 时 "+calendar.get(Calendar.MINUTE)+" 分 "+calendar.get(Calendar.SECOND)+" 秒 ");
	    out.println("</BODY>");
	    out.println("</HTML>");
	    out.flush();
	    out.close();
	  }
	}

完成人		完成时间	
实训步骤			

任务小结

Servlet 是一个符合特定规范的 Java 程序，在服务器端运行，处理客户端请求并做出响应。

Servlet 的生命周期如下：
（1）装载 Servlet。
（2）处理客户请求。
（3）结束 Servlet。

7.2 任务二 创建并运行一个简单的 Servlet

Servlet 创建及运行

问题引入

Servlet 是在服务器端运行的 Java 程序，在 IDE 集成开发工具中是如何创建的？该"服务器端小程序"是如何运行的？

实现思路

开发 Servlet 一般按以下步骤进行：
（1）编写 Servlet，设置访问 URL，重写 doGet() 和 doPost() 方法。
（2）运行 Servlet。

知识链接

1. 创建 Servlet

创建 Servlet 有以下 3 种方式：
- 实现 Servlet 接口。
- 继承 GenericServlet 类。
- 继承 HttpServlet 类。

创建的 Servlet 中有两个重要的方法：doGet() 和 doPost()，其中 doGet() 用于处理客户端的 get 请求，doPost() 用于处理客户端的 post 请求。程序员在编写特定功能的 Servlet 时需要重写这两个方法。

2. Servlet 的运行

Servlet 的运行比较简单，只需要通过 URL 即可实现访问。

3. Servlet 中数据的获取与响应

Servlet 容器在接收客户请求时，除了创建 ServletRequest 对象用于封装客户的请求信息外，还创建了一个 ServletResponse 对象用来封装响应数据，并且将这两个对象一并作为参数传递给 Servlet。

Servlet 能够利用 ServletRequest 对象获取客户端的请求数据，常用方法如表 7-1 所示。

表 7-1 ServletRequest 的常用方法

名称	描述
String getParameter(String name)	获取请求中传递的参数
void setCharacterEncoding("GBK")	设置请求数据的字符编码
void setAttribute(String name,Object obj)	在请求中保存名称为 name 的属性值
Object getAttribute(String name)	获取名称为 name 的属性值

Servlet 利用 ServletRequest 对象获取客户端的请求数据，经过处理后由 ServletResponse 对象发送响应数据。ServletResponse 的常用方法如表 7-2 所示。

表 7-2 ServletResponse 的常用方法

名称	描述
void sendRedirect("url")	发送一个临时的重定向响应到客户端，以便客户端访问新的 URL
void setContentType(String text)	设置发送到客户端的响应的内容类型

在 Servlet 中页面跳转方式有以下两种：
- 转发。对应的 Servlet 代码和 JSP 代码为：

request.getRequestDispatcher("JSP页面或Servlet").forward(request, response);

其中 request 对象为 HttpServletRequest 类。

转发是在服务器端起作用的，当使用 forward() 方法时，Servlet 容器传递 HTTP 请求，从当前的 Servlet 或 JSP 到指定的 Servlet 或 JSP，此过程仍然在 request 作用范围内。转发后，浏览器的地址栏内容不变。转发可以将数据通过 request 作用域传递到下一个页面或 Servlet。

- 重定向。对应的 Servlet 代码和 JSP 代码为：

response.sendRedirect("JSP页面或Servlet");

重定向是在用户的浏览器端工作的，是 Servlet 对浏览器做出响应后浏览器再次发送一个新请求到指定的页面，重定向后浏览器的地址栏内容发生变化。重定向无法传递数据。

任务实现

下面通过简易猜数游戏案例来完成开发并部署 Servlet。

【例 7-2】某公司要使用 Servlet 技术开发一个简易猜数游戏，实现单次猜数功能，并告知玩家猜数的结果，如图 7-3 至图 7-5 所示。

图 7-3 输入数值页面

图 7-4　结果页面 1

图 7-5　结果页面 2

1. 创建 Servlet

因为 Servlet 是一个 Java 类，所以可以通过创建一个 Java 类来实现 Servlet 接口或由继承于 Servlet 接口的实现类（HttpServlet）来实现，还可以通过 IDE 集成开发工具进行创建。

使用 IDE 集成开发工具创建 Servlet 对象比较简单，适合初学者。下面以 Eclipse 为例介绍 Servlet 的创建，具体步骤如下：

（1）在 Web 项目的相关包节点上右击，在弹出的快捷菜单中选择 New → Servlet 命令，弹出 Create Servlet 对话框，在其中输入 Servlet 名称 FirstServlet，如图 7-6 所示。

图 7-6　输入 Servlet 的名称

（2）单击 Next 按钮，在弹出的对话框中可以对当前创建的 Servlet 进行配置，主要设置访问 Servlet 的 URL，如图 7-7 所示，如果不喜欢默认的 URL，可以通过 Remove 和 add 按钮移除和添加新的 URL。这里设置的访问 URL 是 /FirstServlet，表示执行该 Servlet 是通过 http://localhost:8080/web 项目名 /FirstServlet 的方式访问的。

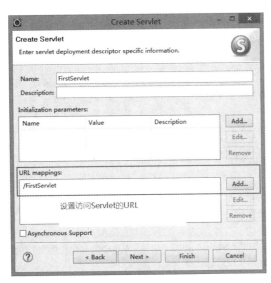

图 7-7 设置访问 URL

（3）单击 Next 按钮，在弹出的对话框中可以创建当前 Servlet 的方法，主要通过勾选实现，一般勾选 doPost 和 doGet 方法，如图 7-8 所示。

图 7-8 勾选 Servlet 中需要创建的方法

Servlet 创建完后系统会生成一个 FirstServlet.java 文件，代码如清单 7-2 所示。

清单 7-2 使用 Servlet 向导创建的 FirstServlet.java 的代码。

```
package web;
import java.io.IOException;
import javax.servlet.ServletException;
import javax.servlet.annotation.WebServlet;
import javax.servlet.http.HttpServlet;
import javax.servlet.http.HttpServletRequest;
import javax.servlet.http.HttpServletResponse;
/**
 * Servlet implementation class FirstServlet
 */
@WebServlet("/FirstServlet")
```

```java
public class FirstServlet extends HttpServlet {
    private static final long serialVersionUID = 1L;

    /**
     * @see HttpServlet#HttpServlet()
     */
    public FirstServlet() {
        super();
        // TODO Auto-generated constructor stub
    }
    /**
     * @see HttpServlet#doGet(HttpServletRequest request, HttpServletResponse response)
     */
    protected void doGet(HttpServletRequest request, HttpServletResponse response)
    throws ServletException, IOException {
        // TODO Auto-generated method stub
        response.getWriter().append("Served at: ").append(request.getContextPath());
    }
    /**
     * @see HttpServlet#doPost(HttpServletRequest request, HttpServletResponse response)
     */
    protected void doPost(HttpServletRequest request, HttpServletResponse response)
    throws ServletException, IOException {
        // TODO Auto-generated method stub
        doGet(request, response);
    }
}
```

上述代码中加粗斜体阴影部分 @WebServlet("/FirstServlet") 中的字符串 /FirstServlet 就是我们在创建 Servlet 时设置访问该 Servlet 的 URL。

在编写特定功能的 Servlet 时需要重写 doPost() 和 doGet() 这两个方法，不同的 Servlet 主要就是这两个方法的方法体有所不同。

本案例中 FirstServlet 需要实现的功能是获取 input.jsp 输入框中的数，同目标值（88）进行比较，若相等，则转向猜中了页面，否则转向猜错了页面。input.jsp 中表单数据应该提交给 FirstServlet 类处理，所以 action 属性值应该为访问 Servlet 的 URL，可以使用相对地址。

清单 7-3　input.jsp 关键代码。

```html
<form name="form1" action="FirstServlet" method="post">
    请输入一个正整数<input type="text" name="num">
    <input type="submit" value="猜数开始">
</form><br>
```

在 FirstServlet.java 中重写 doGet() 和 doPost() 方法。

清单 7-4　重写后的 FirstServlet.java。

```java
public class FirstServlet extends HttpServlet {
    public void doGet(HttpServletRequest request, HttpServletResponse response) throws
    ServletException, IOException {
        doPost(request,response);        //调用doGet()方法
    }
    public void doPost(HttpServletRequest request, HttpServletResponse response)throws
```

```
ServletException, IOException {
    //设置输出为中文，解决中文乱码问题
    response.setContentType("text/html;charset=gb2312");
    //将输入转为中文
    request.setCharacterEncoding("GBK");
    String numstr=request.getParameter("num");
    if(numstr!=null){
        int num=Integer.parseInt(numstr);
          if(num==88){
              response.sendRedirect("right.jsp");       //重定向
          }
          else{
              request.getRequestDispatcher("wrong.jsp").forward(request, response);     //转发
          }
      }
    else {
        PrintWriter out = response.getWriter();
        out.println("您没有在input.jsp页面中输入一个数或者未通过input.jsp页面访问本Servlet！");
    }
}
```

至此，我们自定义的 Servlet——FirstServlet.java 已编写完毕。

2. 运行 Servlet

启动 Tomcat 服务器，打开浏览器，根据 web.xml 中设置的访问 URL 输入 URL：http://localhost:8080/MyWeb/FirstServlet，运行清单 7-4 所示的 FirstServlet.java，页面效果如图 7-9 所示。

图 7-9　运行效果

简易猜数游戏运行过程如图 7-10 至图 7-13 所示。

图 7-10　简易猜数游戏运行效果 1

图 7-11　简易猜数游戏运行效果 2

图 7-12　简易猜数游戏运行效果 3

图 7-13　简易猜数游戏运行效果 4

同步实训任务单

实训任务单

任务名称	显示当前时间		
训练要点	能编写及运行 Servlet		
需求说明	编写一个 Servlet 类，在该类中获取当前系统日期和时间并输出显示		
完成人		完成时间	
实训步骤			

任务小结

开发 Servlet 一般按以下步骤进行：

（1）编写 Servlet，设置访问 URL，重写 doGet() 和 doPost() 方法。

创建 Servlet 时，必须继承自 HttpServlet，HttpServlet 作为一个抽象类用来创建用户自己的 Servlet，HttpServlet 的子类至少重写 doGet() 和 doPost() 方法中的一个。

其中 doGet() 方法响应 get 方式的请求，doPost() 方法可以响应 post 方式的请求。通常表单提交都使用 post 方式，超链接使用 get 方式。

（2）通过 URL 来访问并运行 Servlet。

7.3 任务三 使用 Filter 解决中文乱码问题

使用 Filter 解决中文乱码问题

问题引入

在之前的 Web 开发中，为了解决中文乱码的显示，采用了对相关页面进行重新编码的方式，比较烦琐。有没有高效的方法，不需要在每个页面里重新编码就能解决中文乱码问题呢？

实现思路

当 Web 项目中有很多页面都需要进行显示控制时，使用 Servlet 中的 Filter 可以极大地增强控制效果，同时降低开发成本，提高工作效率。

知识链接

1. Filter 简介

Filter 被称为过滤器或拦截器，其基本功能就是对 Servlet 容器调用 Servlet 的过程进行拦截，从而在 Servlet 进行响应处理前后实现一些特殊功能。图 7-14 描述了 Filter 的拦截过程。

Filter 是 Servlet 规范中定义的 Java Web 组件，在所有支持 Java Web 的容器中都可以使用。

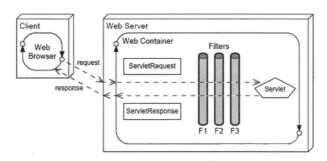

图 7-14 过滤器工作过程

当客户端发生请求后，在 HttpServletRequest 到达 Servlet 之前，过滤器拦截客户的 HttpServletRequest。根据需要检查 HttpServletRequest，也可以修改 HttpServletRequest 头和数据。在过滤器中调用 doFilter() 方法，对请求放行。请求到达 Servlet 后，对请求进行处理并产生 HttpServletResponse 发送给客户端。在 HttpServletResponse 到达客户端之前，过滤器拦截 HttpServletResponse。根据需要检查 HttpServletResponse，可以修改 HttpServletResponse 头和数据。最后，HttpServletResponse 到达客户端。

2. Filter 接口

在开发过滤器时需要实现 Filter 接口，这个接口存在于 javax.servlet 包下。

Filter 接口定义了 3 个方法，如表 7-3 所示。

表 7-3 Filter 接口的方法

名称	描述
void init(FilterConfig filterConfig)	Web 容器调用该方法实现过滤器的初始化
void doFilter(ServletRequest request,ServletResponse response,FilterChain chain)	当客户端请求资源时，Web 容器会调用与资源对应的过滤器的 doFilter() 方法。在该方法中，可以对请求和响应进行处理，实现过滤功能
void destroy()	Web 容器调用该方法，造成过滤器失效

3. Filter 的生命周期

Filter 的创建和销毁由 Web 服务器控制。

（1）创建实例并初始化。服务器启动的时候，Web 服务器创建 Filter 的实例对象，并调用其 init() 方法，完成对象的初始化功能。Filter 对象只会创建一次，init() 方法也只会执行一次。

（2）执行过滤。拦截到请求时执行 doFilter() 方法。可以执行多次。

（3）销毁。服务器关闭时 Web 服务器销毁 Filter 的实例对象。

任务实现

下面通过编写字符编码 Filter 来解决页面乱码问题。

7.3.1 创建 Filter

过滤器在实际的开发过程中以类的形式存在，同时还必须实现 Filter 接口，然后在 doFilter() 方法内编写设置字符编码的语句。可以通过 IDE 集成开发工具进行创建，在 Eclipse 中创建 Filter 的步骤为：在 Web 项目的相关包节点上右击，在弹出的快捷菜单中选择 New → Filter 命令，在弹出的 Create Filter 对话框中输入 Filter 名称 CharsetFilter，编写 Filter mapping 为 /*，如图 7-15 和图 7-16 所示，单击 Finish 按钮。

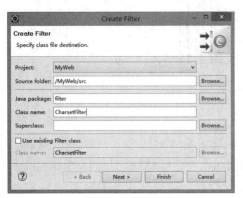
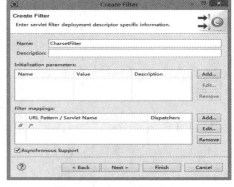

图 7-15　Filter 创建（1）　　　　　　　图 7-16　Filter 创建（2）

Filter 创建完后系统会生成一个 CharsetFilter.java 文件，代码如清单 7-5 所示。

清单 7-5　使用 Filter 向导创建的 CharsetFilter.java 的代码。

```java
package filter;
import java.io.IOException;
import javax.servlet.Filter;
import javax.servlet.FilterChain;
import javax.servlet.FilterConfig;
import javax.servlet.ServletException;
import javax.servlet.ServletRequest;
import javax.servlet.ServletResponse;
import javax.servlet.annotation.WebFilter;
/**
 * Servlet Filter implementation class CharsetFilter
 */
@WebFilter(asyncSupported = true, urlPatterns = { "/*" })
public class CharsetFilter implements Filter {

    /**
     * Default constructor.
     */
    public CharsetFilter() {
        // TODO Auto-generated constructor stub
    }

    /**
     * @see Filter#destroy()
     */
    public void destroy() {
        // TODO Auto-generated method stub
    }

    /**
     * @see Filter#doFilter(ServletRequest, ServletResponse, FilterChain)
     */
    public void doFilter(ServletRequest request, ServletResponse response, FilterChain chain)
```

```
        throws IOException, ServletException {
        // TODO Auto-generated method stub
        // place your code here

        // pass the request along the filter chain
        chain.doFilter(request, response);
    }

    /**
     * @see Filter#init(FilterConfig)
     */
    public void init(FilterConfig fConfig) throws ServletException {
        // TODO Auto-generated method stub
    }

}
```

可以看到，CharsetFilter 实现了 Filter 接口，实现了 3 个方法。

7.3.2 配置 Filter

在代码中直接使用 @WebFilter 注解进行 Filter 的配置。上述代码中加粗斜体部分 @WebFilter(asyncSupported = **true**, urlPatterns = { "/*" }) 中进行了 Filter 的配置。

常用配置项 urlPatterns 配置要拦截的资源，有以下 4 种配置方式：

- 以指定资源匹配，例如 "/index.jsp"。
- 以目录匹配，例如 "/servlet/*"。
- 以后缀名匹配，例如 "*.jsp"。
- 通配符，拦截所有 Web 资源，例如 "/*"。

该案例中需要对所有的资源进行拦截，所以配置为 "/*"。

7.3.3 完善 doFilter() 方法

在 doFilter() 方法中编写过滤的功能代码，字符编码过滤功能代码如清单 7-6 所示。

清单 7-6　CharsetFilter.java 的代码。

```java
package filter;
import java.io.IOException;
import javax.servlet.Filter;
import javax.servlet.FilterChain;
import javax.servlet.FilterConfig;
import javax.servlet.ServletException;
import javax.servlet.ServletRequest;
import javax.servlet.ServletResponse;
import javax.servlet.annotation.WebFilter;
/**
 * Servlet Filter implementation class CharsetFilter
 */
@WebFilter(asyncSupported = true, urlPatterns = { "/*" })
public class CharsetFilter implements Filter {

    /**
```

```java
 * Default constructor.
 */
public CharsetFilter() {
    // TODO Auto-generated constructor stub
}

/**
 * @see Filter#destroy()
 */
public void destroy() {
    // TODO Auto-generated method stub
}

/**
 * @see Filter#doFilter(ServletRequest, ServletResponse, FilterChain)
 */
public void doFilter(ServletRequest request, ServletResponse response, FilterChain chain)
throws IOException, ServletException {
    // TODO Auto-generated method stub
    // place your code here
    System.out.println("执行字符Filter了！");
    request.setCharacterEncoding("GBK");
    response.setCharacterEncoding("GBK");
    // pass the request along the filter chain
    chain.doFilter(request, response);
}

/**
 * @see Filter#init(FilterConfig)
 */
public void init(FilterConfig fConfig) throws ServletException {
    // TODO Auto-generated method stub
}

}
```

7.3.4 运行演示

编写一个 Servlet，功能是在页面中输出一串中文。Servlet 代码如清单 7-7 所示。

清单 7-7　GbkServlet.java 的代码。

```java
package web;
import java.io.IOException;
import javax.servlet.ServletException;
import javax.servlet.annotation.WebServlet;
import javax.servlet.http.HttpServlet;
import javax.servlet.http.HttpServletRequest;
import javax.servlet.http.HttpServletResponse;
/**
 * Servlet implementation class GbkServlet
 */
```

```java
@WebServlet("/Gbk")
public class GbkServlet extends HttpServlet {
    private static final long serialVersionUID = 1L;

    /**
     * @see HttpServlet#doGet(HttpServletRequest request, HttpServletResponse response)
     */
    protected void doGet(HttpServletRequest request, HttpServletResponse response)
    throws ServletException, IOException {
        // TODO Auto-generated method stub
        response.getWriter().write("我爱你中国");
    }

    /**
     * @see HttpServlet#doPost(HttpServletRequest request, HttpServletResponse response)
     */
    protected void doPost(HttpServletRequest request, HttpServletResponse response)
    throws ServletException, IOException {
        // TODO Auto-generated method stub
        doGet(request, response);
    }

}
```

在没有编写 CharsetFilter 时候，运行以上 Servlet 的结果如图 7-17 所示，中文显示为乱码。创建并配置好 CharsetFilter 后，再次运行该 Servlet，结果如图 7-18 所示，中文正常显示，没有乱码。

图 7-17　未使用 Filter 的显示

图 7-18　使用 Filter 后的显示

同步实训任务单

实训任务单

任务名称	在留言板 Web 项目中使用过滤器解决页面乱码问题		
训练要点	能编写及配置过滤器		
需求说明	修改留言板 Web 项目相关 JSP 页面代码，删除原来页面乱码处理代码，使用过滤器解决页面乱码问题		
完成人		完成时间	
实训步骤			

任务小结

Filter 被称为过滤器或拦截器，其基本功能就是对 Servlet 容器调用 Servlet 的过程进行拦截。

Filter 的生命周期包含以下 3 个阶段：

（1）创建实例并初始化。服务器启动的时候，Web 服务器创建 Filter 的实例对象，并调用其 init() 方法，完成对象的初始化功能。Filter 对象只会创建一次，init() 方法也只会执行一次。

（2）执行过滤。拦截到请求时执行 doFilter() 方法。可以执行多次。

（3）销毁。服务器关闭时 Web 服务器销毁 Filter 的实例对象。

模块七小结

1．Servlet 是一个 Java 程序，是运行在服务器端，接收和处理用户请求，并做出响应的程序。Servlet 是纯 Java 文件，是一个继承 HttpServlet 的类。

2．Servlet 编程模式。

创建 Servlet 时，必须继承自 HttpServlet，HttpServlet 作为一个抽象类用来创建用户自己的 Servlet，HttpServlet 的子类至少重写 doGet() 和 doPost() 方法中的一个。

其中 doGet() 方法响应 get 方式的请求，doPost() 方法可以响应 post 方式的请求。通常表单提交都使用 post 方式，超链接使用 get 方式。

3．HttpServletRequest 类对象 request 的常用方法：

request.getParameter(String);

request.setCharacterEncoding("GBK");

request.setAttribute(String,Object);

request.getAttribute(String);

4．HttpServletResponse 类对象 response 的常用方法：

response.setContentType(String);

response.sendRedirect("url");

5. 使用 HttpSession 提供的 setAttribute() 方法保存数据，使用 getAttribute() 方法获取用户的一次会话数据。

习题七

一、填空题

1. Servlet 经常用来处理 HTML 的 get 请求和 _____ 请求。
2. Servlet 的生命周期始于将它装入 Web 服务器的内存时，并在 Servlet _____ 时结束。
3. Filter 的创建和销毁由 Web 服务器控制。服务器启动的时候，Web 服务器创建 Filter 的 _____，并调用其方法，完成对象的初始化功能。Filter 对象只会创建 _____ 次，init() 方法也只会执行 _____ 次。拦截到请求时，执行方法 _____。

二、选择题

1. 在部署 Java Web 程序时，（　　）是必需的。
   A．web.xml 文件　　　　　　B．index.html 文件
   C．WEB-INF 文件夹　　　　　D．classes 文件夹
2. 在 javax.servlet.http.*API 中，HttpServlet 的（　　）方法用来处理客户端的请求。
   A．init()　　B．doPost()　　C．doGet()　　D．destroy()
3. 在 Java Web 应用程序中，给定一个 Servlet 的 doGet() 方法中的代码片段如下：
   request.setAttribute("name","zhang");
   response.sendRedirect("http://localhost:8080/servlet/MyServlet");
   那么在 MyServlet 中可以使用（　　）语句把属性 name 的值取出来。
   A．String str=request.getAttribute("name");
   B．String str=(String)request.getAttribute("name");
   C．Object str=request.getAttribute("name");
   D．无法取出来
4. （　　）方法是 Servlet 的核心。
   A．init()　　B．service()　　C．destroy()　　D．GetServletInfo()
5. Java Servlet 定义了一个（　　）接口，实现了 session 的功能。
   A．session　　B．request　　C．HttpSession　　D．application
6. 编写一个 Filter，需要（　　）
   A．继承 Filter 类　　　　　　B．实现 Filter 接口
   C．继承 HttpFilter 类　　　　D．实现 HttpFilter 接口

三、编程题

根据用户输入的身份证号码计算出用户的年龄。要求如下：
（1）age.html 作为用户录入页面。
（2）使用 AgeServlet.java 计算出用户的年龄。
（3）使用 show.jsp 显示用户的年龄。

模块八　MVC 开发模式

模块简介

在前面的学习中我们已经了解 JSP 技术是在 Servlet 技术的基础上形成的，它的主要任务是简化页面的开发。在编写程序的时候，我们把大量的 Java 代码写在了 JSP 页面中，进行程序控制和业务逻辑的操作，而这违背了 Java Web 开发技术的初衷，为程序员和美工带来了很大困扰，为了解决这个问题，在进行项目设计时采用 MVC 设计模式。通过本模块的学习，读者能够了解 MVC 模式原理，会在 Web 项目中使用 MVC 模式。

学习导航

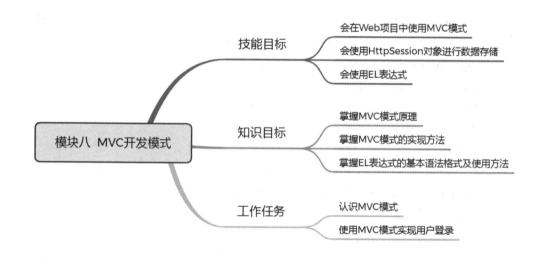

MVC 模式概述

8.1　任务一　认识 MVC 模式

问题引入

MVC 享有"全球第一设计模式"的美誉，是当前最为流行的 Web 开发模式。MVC 是 SUN 公司推荐的设计模式，那么在 Java Web 开发中 MVC 模式的结构是怎样的呢？

实现思路

MVC 并不是 Java 语言所特有的设计思想，也不是 Web 应用所特有的思想，它是所有面向对象程序设计语言都应该遵守的规范。MVC 有利于系统的维护和功能的扩展，有利于开发的分工，有利于组件的重用。下面通过具体案例来认识 MVC 模式。

知识链接

1. MVC 模式的原理

MVC 是一种设计模式，它强制性地将应用程序的输入、处理、输出流程按照 Model、View、Controller 的方式进行分离，并被分成三层：模型层、视图层、控制层。图 8-1 所示为这三层的功能以及它们的相互关系。

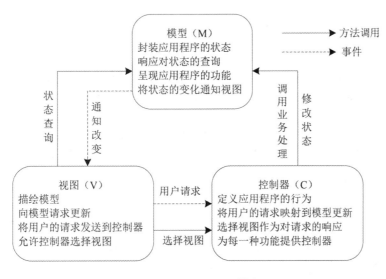

图 8-1　MVC 设计模式

首先，控制器接受用户的请求并决定应该调用哪个模型来进行处理；然后，模型根据用户请求进行相应的业务逻辑处理并返回数据；最后，控制器调用相应的视图来格式化模型返回的数据并通过视图呈现给用户。

（1）视图。视图（View）代表用户交互界面。对于 Web 应用来说，可以概括为 HTML 界面，但有可能为 XHTML、XML 和 Applet。视图向用户显示相关的数据，并能接收用户的输入数据，但是它并不进行任何实际的业务处理。视图可以向模型查询业务状态，但不能改变模型。视图还能接收模型发出的数据更新事件，从而对用户界面进行同步更新。

（2）模型。模型（Model）是业务流程 / 状态的处理以及业务规则的制定。业务流程的处理过程对其他层来说是黑箱操作，模型接收视图请求的数据并返回最终的处理结果。一个模型能为多个视图提供数据。业务模型的设计可以说是 MVC 最主要的核心。

（3）控制器。控制器（Controller）可以理解为从用户接受请求，将模型与视图匹配在一起，共同完成用户的请求。控制层不做任何的数据处理。因此，一个模型可能对应多个视图，一个视图也可能对应多个模型。

2. MVC 模式的优点

（1）各司其职、互不干涉。在 MVC 模式中，3 个层各司其职，所以如果哪一层的需求发生了变化，就只需要更改相应层中的代码，而不会影响到其他层。

（2）有利于开发中的分工。在 MVC 模式中，由于按层把系统分开，那么就能更好地实现开发中的分工。网页设计人员可以开发页面，对业务熟悉的开发人员可以开发模型中相关业务处理的方法，而其他开发人员可以开发控制器，以进行程序控制。

（3）有利于组件的重用。分层后更有利于组件的重用，如控制层可独立成一个通用的组件，视图层也可做成通用的操作界面。

MVC 最重要的特点是把显示与数据分离，这样就提高了各个模块的可重用性。

任务实现

最典型的 MVC 就是 JSP + Servlet + JavaBean 的模式，如图 8-2 所示。

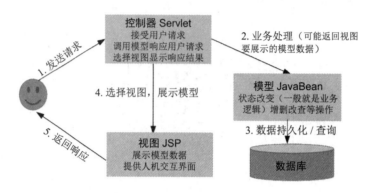

图 8-2　MVC 编程模式（JSP + Servlet + JavaBean）

当客户端发送请求时，服务器端 Servlet 接收请求数据，并根据数据调用模型中相应的方法访问数据库，然后把执行结果返回给 Servlet，Servlet 根据结果转向不同的 JSP 或 HTML 页面，以响应客户端请求。

在 MVC 模式下开发程序时，应注意在视图（JSP）中不要进行业务逻辑和程序控制的操作，视图只是显示动态内容，不做其他操作。模型与控制器也是一样，它们有各自的"工作内容"，应该让它们各尽其责。

同步实训任务单

实训任务单

任务名称	识别 MVC 模式的各部分
训练要点	能识别 MVC 及其功能
需求说明	请指出下图中的 Model、View、Controller 部分
完成人		完成时间	
实训步骤	

任务小结

MVC 是一种流行的软件设计模式,它把系统分为以下 3 个模块:

- 模型(Model):业务逻辑层,对应的组件是 Java 类(完成业务逻辑处理、状态管理的功能)。
- 视图(View):表示层,即与用户实现交互的界面,通常实现数据的输入和输出功能,对应的组件是 JSP 或 HTML。
- 控制器(Controller):控制层,起到控制整个业务流程的作用,实现视图和模型部分的协同工作,对应的组件是 Servlet。

8.2 任务二 使用 MVC 模式实现用户登录

问题引入

MVC 模式强制性地将应用程序的输入、处理、输出流程按照 Model、View、Controller 的方式进行分离,分成模型层、视图层、控制层。MVC 模式能够把显示与数据分离,在 Web 开发中经常会使用 MVC 模式,如何使用呢?

使用 MVC 模式实现用户登录,运行效果如图 8-3 至图 8-5 所示。

图 8-3 登录页面 login.jsp

图 8-4 登录失败页面 error.jsp

图 8-5 登录成功页面 ok.jsp

实现思路

MVC 模式的实现步骤如下：
（1）实现模型。
（2）实现控制器。
（3）实现视图。

知识链接

1. JSP 脚本的缺点

使用 JSP 脚本可以实现页面输出显示，那为什么还需要使用 EL 简化输出呢？这是因为单纯使用 JSP 脚本与 HTML 标签混合实现输出显示的方式存在一些弊端，归纳如下：

- 代码结构混乱，可读性差。
- 脚本与 HTML 标签混合，容易导致错误。
- 代码不易维护。

基于以上原因，可以使用 EL 对 JSP 输出进行优化。

2. EL 表达式

（1）EL 表达式。EL 是 Expression Language 的缩写，它是一种借鉴了 JavaScript 和 XPath 的表达式语言。EL 定义了一系列的隐含对象和操作符，使开发人员能够很方便地访问页面内容，以及不用作用域内的对象，也无须在 JSP 中嵌入 Java 代码，从而使得页面结构更加清晰，代码可读性更高，也更加便于维护。

（2）EL 表达式的语法。EL 表达式语法非常简单，如下：

```
${EL表达式}
```

语法结构中包含 "$" 符号和 "{}" 符号，二者缺一不可。

使用 EL 表达式也非常简单，如 ${username} 就可以实现访问变量 username 的值（使用 EL 表达式获取变量前必须将操作的对象保存到作用域中）。

此外，使用 EL 表达式还可以访问对象的属性，这就需要使用 "." 操作符和 "[]" 操作符来完成。例如，${news.title} 可以访问 news 对象的 title 属性，${news["title"]} 可以访问 news 对象的 title 属性，${newsList[0]} 可以访问 newsList 数组中的第一个元素。

（3）EL 表达式的作用域访问对象。有 4 种作用域：page、request、session 和 application。为了能够访问这 4 个作用域内的数据，EL 表达式也分别提供了 4 种作用域访问对象来实现数据的读取，这 4 个作用域访问对象为 pageScope、requestScope、sessionScope 和 applicationScope。

使用作用域访问对象读取属性非常简单，只需要使用 "作用域名称 ." 方式即可实现，例如 ${requestScope.news["title"]}。

任务实现

8.2.1 实现模型

本案例中使用的数据库为留言管理系统的数据库，用户登录模块文件分层表如表 8-1 所示。

表 8-1 用户登录模块文件分层表

视图	模型	控制器
ch07/login.jsp ch07/error.jsp ch07/ok.jsp	entity.AdminUser.java dao.AdminUserDao.java	web.DoLogin.java

下面给出模型的实现过程。

清单 8-1　AdminUser.java。

```java
package entity;
public class AdminUser {
    private int id;
    private String uname;
    private String pwd;
    public int getId() {
        return id;
    }
    public void setId(int id) {
        this.id = id;
    }
    public String getUname() {
        return uname;
    }
    public void setUname(String uname) {
        this.uname = uname;
    }
    public String getPwd() {
        return pwd;
    }
    public void setPwd(String pwd) {
        this.pwd = pwd;
    }
}
```

清单 8-2　AdminUserDao.java。

```java
package dao;
import java.sql.*;
import javax.sql.*;
import util.BaseDao;
import entity.*;
public class AdminUserDao {
    Connection conn = null;              //数据库连接
    PreparedStatement pstmt = null;      //创建PreparedStatement对象
    ResultSet rs = null;                 //创建结果集对象
    public AdminUser findUser(String uName){
        String sql="SELECT * FROM adminusers WHERE uname=?";
        AdminUser user=new AdminUser();
        try {
            conn = BaseDao.getConn();    //获取数据库连接
            pstmt = conn.prepareStatement(sql);
            pstmt.setString(1, uName);
            rs=pstmt.executeQuery();
```

```java
            while(rs.next()){
                user.setId(rs.getInt(1));
                user.setUname(rs.getString(2));
                user.setPwd(rs.getString(3));
            }
        } catch (ClassNotFoundException e) {
            e.printStackTrace();
        } catch (SQLException e) {
            e.printStackTrace();
        } finally{
            BaseDao.closeAll(conn, pstmt, rs);
        }
        return user;
    }
}
```

8.2.2 实现控制器

实现 Servlet。

清单 8-3 DoLogin.java。

```java
package web;
import java.io.IOException;
import java.io.PrintWriter;
import entity.*;
import dao.*;
import javax.servlet.ServletException;
import javax.servlet.http.HttpServlet;
import javax.servlet.http.HttpServletRequest;
import javax.servlet.http.HttpServletResponse;
import javax.servlet.http.HttpSession;
@WebServlet("/Login ")
public class DoLogin extends HttpServlet {
    public void doGet(HttpServletRequest request, HttpServletResponse response)
        throws ServletException, IOException {
        this.doPost(request, response);
    }
    public void doPost(HttpServletRequest request, HttpServletResponse response)
    throws ServletException, IOException {
        response.setContentType("text/html; charset=GBK");
        request.setCharacterEncoding("GBK");
        String uName = request.getParameter("uName");      //取得请求中的登录名
        String uPass = request.getParameter("uPass");
        AdminUser u=new AdminUserDao().findUser(uName);
        if(u.getPwd().equals(uPass)){
            HttpSession session=request.getSession();
            session.setAttribute("user", u);
            response.sendRedirect("ch07/ok.jsp");
        }
        else response.sendRedirect("ch07/error.jsp");
    }
}
```

8.2.3 实现视图

下面给出 JSP 页面的代码。

清单 8-4   login.jsp 关键代码。

```html
<form name="loginForm" onSubmit="return check()" action="../Login" method="post">
  <br/>用户名  <input class="input" type="text" maxLength="20" size="35" name="uName">
  <br/>密　码  <input class="input" type="password" maxLength="20" size="40" name="uPass">
  <br/><input class="btn" type="submit" value="登 录"><input class="btn" type="reset" value="重 填"><a href="lost/lost.jsp">忘记密码</a>
</form>
```

清单 8-5   ok.jsp。

```jsp
<%@ page language="java" contentType="text/html; charset=GBK"
    pageEncoding="GBK"%>
<html>
  <head>
    <title>登录成功</title>
  </head>
  <body>
     欢迎${user.uname}，成功登录。
  </body>
</html>
```

在清单 8-5 中使用了 EL 表达式 ${user.uname}。

同步实训任务单

实训任务单

任务名称	使用 MVC 模式显示公告				
训练要点	在应用程序中使用 MVC 模式 使用 Servlet 开发应用程序				
需求说明	使用 MVC 设计模式，使用 JSP、Servlet 技术实现在 JSP 页面中以列表形式显示 Mini 综合办公系统中公告表 tb_Announcement（如表 8-2 所示）中的所有数据				
	表 8-2　公告表 tb_Announcement				
	字段	说明	类型	属性	备注
	id	公告 id	int	非空	标识
	title	公告标题	varchar	非空	
	contents	公告内容	varchar	非空	
	inputtime	发表时间	datetime	非空	
	updatetime	更新时间	datetime		
	place	发布部门	varchar		
	remarks	备注	varchar		
完成人			完成时间		

小提示	实现思路： （1）开发模型：AnnouncementDao 类和 VO 类，实现查询方法 （2）开发控制器：创建 Servlet 作为控制器，调用模型，使用 HttpSession 存放查询结果，转向指定的视图 （3）开发视图：创建公告显示页面，使用 EL 和 JSTL 显示公告信息 提示，JSTL 中迭代标签的语法为： \<c:forEach items="collection" var="name"\> // 循环体内容 \</c:forEach\> 其中，var 指定变量的名称，items 指定要遍历的对象集合，可以是数组、List 和 Map。在使用 JSTL 时需要使用 taglib 指令，即： \<%@ taglib uri="http://java.sun.com/jsp/jstl/core" prefix="c" %\> 可以参考网站：https://www.runoob.com/jsp/jsp-jstl.html
实训步骤	

任务小结

EL 表达式的语法：

${EL表达式}

语法结构中包含"$"符号和"{}"符号，二者缺一不可。

EL 表达式访问对象的属性使用"."操作符或"[]"操作符。

使用 EL 表达式获取变量前必须将操作的对象保存到作用域中。

模块八小结

1. MVC 是一种流行的软件设计模式，它把系统分为以下 3 个模块：
- 模型（Model）：业务逻辑层，对应的组件是 Java 类（完成业务逻辑处理、状态管理的功能）。
- 视图（View）：表示层，即与用户实现交互的界面，通常实现数据的输入和输出功能，对应的组件是 JSP 或 HTML。
- 控制器（Controller）：控制层，起到控制整个业务流程的作用，实现视图和模型部分的协同工作，对应的组件是 Servlet。

2. MVC 模式由 Servlet 充当控制器，负责接收客户端请求，调用响应的模型处理业务逻辑和数据，再由 Servlet 根据处理的结果选择相应的 JSP 或 HTML 文件响应客户端。

3. EL 是在 JSP 2.0 之后推出的，使用 EL 可以输出各种信息，语法如下：

${EL表达式}

4. EL 表达式具有类型无关性，可以使用"."或"[]"操作符在相应的作用域（page、request、session、application）中取得某个属性的值。

5. EL 表达式提供了 pageScope、requestScope、sessionScope、applicationScope、param、paramValues、pageContext 等隐式对象。

6. 在 JSP 中完成动态信息输出有 3 种方式：out 对象、JSP 表达式、表达式语言（Expression Language，EL）。

习题八

一、填空题

1. MVC 对应的英文是 _____，即模型、视图、控制器。
2. 在 MVC 模式中，_____ 接受用户的请求，并决定应该调用哪个来进行处理；然后，根据用户请求进行相应的业务逻辑处理，并返回数据；最后，调用相应的 _____ 来格式化模型返回的数据，并通过 _____ 呈现给用户。

二、选择题

1. 以下不属于 MVC 设计模式中 3 个模块的是（　　）。
   A．模型　　　　B．表示层　　　　C．视图　　　　D．控制器
2. 在 MVC 设计模式中，（　　）接收用户请求数据。
   A．HTML　　　B．JSP　　　　　C．Servlet　　　D．业务类
3. 表达式语言（EL）是 JSP 技术的主要特点之一。JSP 表达式语言是从（　　）规范开始支持的技术。
   A．JSP2.0　　　B．JSP1.2　　　C．JSP1.1　　　D．JSP1.0
4. 在 javax.servlet.http.*API 中，HttpServlet 的（　　）方法用来处理客户端的请求。
   A．init()　　　B．doPost()　　C．doGet()　　 D．destroy()
5. 在 Java Web 应用程序中，给定一个 Servlet 的 doGet() 方法中的代码片段如下：
   request.setAttribute("name","zhang");
   response.sendRedirect("http://localhost:8080/servlet/MyServlet");
   那么在 MyServlet 中可以使用（　　）语句把属性 name 的值取出来。
   A．String str=request.getAttribute("name");
   B．String str=(String)request.getAttribute("name");
   C．Object str=request.getAttribute("name");
   D．无法取出来
6. （　　）方法是 Servlet 的核心。
   A．init()　　　B．service()　　C．destroy()　　D．GetServletInfo()
7. Java Servlet 定义了一个（　　）接口，实现了 Session 的功能。
   A．session　　B．request　　　C．HttpSession　D．application

三、编程题

1. 根据用户输入的身份证号码计算出用户的年龄。要求如下：
   （1）age.html 作为用户录入页面。
   （2）使用 AgeServlet.java 计算出用户的年龄。
   （3）使用 show.jsp 显示用户的年龄。
2. 使用 MVC 设计模式，使用 JSP、Servlet 技术实现网络留言管理系统中的发表留言功能。

模块九　Java Web 进阶阶段实训

1. 任务描述

使用 MVC 模式开发一个在线收藏夹，用 MySQL 作为后台数据库，该系统具有添加入收藏夹和显示收藏夹的功能。

2. 任务要求

可以将感兴趣的网址标记为某种书签（Tag），通过添加书签的方式加入收藏夹。在添加书签时，需要录入书签的名称、链接、Tag 和描述；Tag 可以有多个，用英文逗号隔开；名称和链接为必输项，如图 9-1 所示。

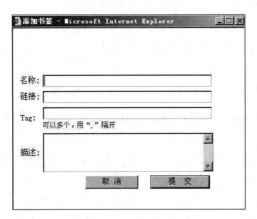

图 9-1　添加书签

以书签的方式查看收藏夹中的链接信息。查看收藏夹将显示所有的 Tag，如图 9-2 所示，左侧显示全部 Tag 列表。单击某个 Tag，显示这个 Tag 下的所有书签。

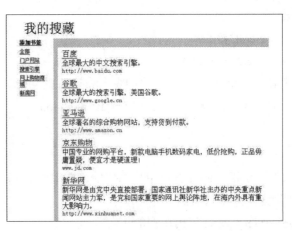

图 9-2　查看收藏夹

3. 开发环境

JDK 8.0、Eclipse、Tomcat 9.0、MySQL 5.0 以上。

4. 训练的技能点

（1）在应用程序中使用 MVC 模式。

（2）使用 Servlet 开发应用程序。

5. 推荐实现步骤及代码提示

（1）创建数据表，如表 9-1 和表 9-2 所示。

表 9-1 tag 表

列名	数据类型	长度	允许空
t_id	int	8	
t_name	nvarchar	100	

表 9-2 favorite 表

列名	数据类型	长度	允许空
f_id	int	8	
f_label	nvarchar	200	
f_url	nvarchar	200	
f_tags	nvarchar	200	允许
f_desc	nvarchar	500	允许

（2）创建模型。

1）实体类：Fav.java、Tag.java。

2）相关数据访问类：FavDAO.java、TagDAO.java。

```
public class FavDAO {
    public int add(Fav item){
        //实现向favorite表中添加数据
    }
    public List search(String type){
        //实现根据指定的f_tags 查询favorite表中的相关数据，当type="-1"时查询所有数据
    }
}
public class TagDAO {
    public List search(){
        //查询tag表中的所有记录
    }
    public Tag get(String tagName){
        //查询tag表中是否有t_name的记录
    }
    public int add(Tag item){
        //向tag表中添加数据
    }
}
```

3）业务逻辑类：FavBiz.java、TagBiz.java。

```
public class TagBiz {
    public void dealWithTag(String tagName){
        //根据tagName名称查询tag表
        //如果tag表中还没有则插入
```

```java
    }
    public List search(){
        //查询tag表中的所有记录
        List ret = this.tagDAO.search();
        return ret;
    }
}
public class FavBiz {
    public void add(Fav fav){
        //添加fav到数据库，需要将数据插入favorite表
        //分离出各个tag值，若tag表中没有则插入tag表
        String tags = fav.getTags();
        if (tags!=null && !tags.trim().equals("")){
            String[] arrTags = tags.split(",");
            if (arrTags!=null && arrTags.length>0){
                for(int i=0;i<arrTags.length;++i){
                    String tag = arrTags[i];
                    this.tagBiz.dealWithTag(tag);
                }
            }
        }
    }
    public List search(String type) {
        //根据type值查询favorite表
    }
}
```

（3）编写控制器：需要两个 Servlet，一个实现添加书签功能，一个实现获取书签列表及某书签下的收藏夹列表并保存到 session 中，再转向图 9-2 所示的页面。

（4）编写视图，页面效果如图 9-1 和图 9-2 所示，使用 EL 和 JSTL 显示左侧书签列表及右侧收藏夹列表信息。

（5）部署运行。

第三阶段　Java Web 项目实战

这是 Java Web 的综合实战阶段，此阶段贯穿实战项目——学生会网站项目，在该模块中将学习较完整的项目开发过程：Web 项目需求分析、系统架构设计、数据库设计、详细设计、测试与部署。通过本阶段项目的训练，读者能够熟练地掌握 Web 应用系统的多层架构设计。

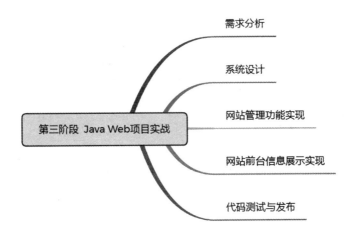

模块十　学生会网站项目开发

模块简介

通过前面阶段的学习，读者已经掌握了使用 Java Web 技术开发应用系统的步骤和方法。本模块为项目实战开发模块，以学生会网站为例，采用 MVC 开发模式，详细介绍开发该项目的完整过程。

学习导航

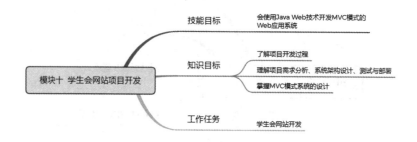

10.1　需求分析

10.1.1　项目概述

在我国，数字化校园最早是在清华大学开始实施的。目前，很多本科院校都已经建成了数字化校园，高职院校也已积极行动起来，不断建设并完善数字化校园。我校目前也在积极建设数字化校园，在网络应用层面已建成若干应用支撑系统，如办公系统、教务系统、数字图书、部门网站等，但缺乏面向学生群体服务的网站系统。为能够方便面向学生的信息发布，提供给学生一个成果展示、交流及学习的平台，学校急需开发学生会网站。

学生会网站系统融合最近的 Java Web 开发技术，可以进行新闻管理、公告管理、文件管理、特色活动管理等，从而实现信息管理无纸化。系统应注重与其他业务系统的衔接，要具备灵活性、可扩展性、可操作性，从而保证数据的准确性和安全性。

10.1.2　系统用例

以用例图来确定需求的范围，为设计开发提供依据。用例图将系统看作黑盒，从外部执行者的角度来理解系统。图中的用例是用户与计算机之间一次典型的交互作用，在

UML 中，用例表示为一个椭圆，执行者用简易人类抽象图形来表示，但需要注意实际执行者有时未必是人。

根据学生会网站项目需求分析得出系统主要用例图，如图 10-1 至图 10-3 所示，主要角色（Actor）包括系统管理员、学工管理员、学生。

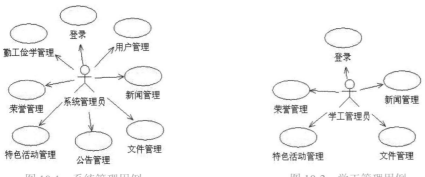

图 10-1　系统管理用例　　　　　　　图 10-2　学工管理用例

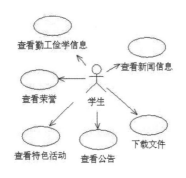

图 10-3　学生用例

（1）系统管理员角色。系统管理员是学生会网站后台的维护者，能够进行登录、用户管理、新闻管理、文件管理、公告管理、特色活动管理、荣誉管理、勤工俭学管理等操作。在用户管理模块中能够管理系统管理员及学工管理员账号、密码及权限。

（2）学工管理员角色。学工管理员具有一定的网站后台维护权限，能够进行登录、管理新闻、管理文件、管理特色活动、管理荣誉等操作。

（3）学生角色。学生就是学生会网站的浏览者，能够在网站前台浏览新闻、公告、特色活动、荣誉、勤工俭学信息，还能下载文件。

10.2　系统设计

10.2.1　总体框架设计

学生会网站项目采用 MVC（Model View Controller）应用框架。模型端包含了应用程序的核心，封装了应用程序的数据结构和业务逻辑。视图实现模块的外观（即表示层）。控制端控制整个框架中各个组件的协调工作，对用户的输入做出反应，并将模型与视图联系在一起，本项目中使用 Servlet 充当控制器。

学生会网站项目采用分层设计与实现，即将页面展示层的内容与业务逻辑层和数据访问层分离，便于代码的重用和维护，具有良好的可读性、可修改性、可扩展性和可维护性。学生会网站项目的框架结构如图 10-4 所示。

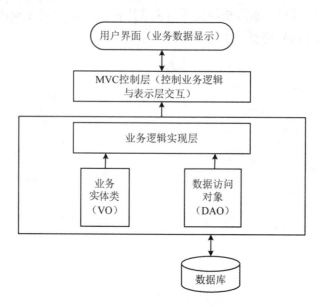

图 10-4　学生会网站的框架结构

10.2.2　模块设计

学生会网站系统功能模块如图 10-5 所示。

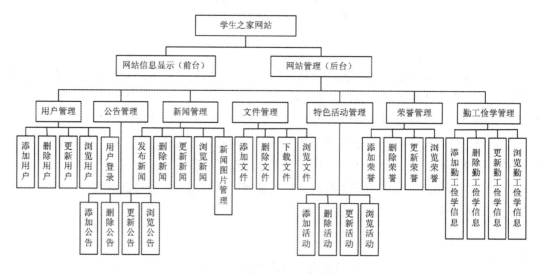

图 10-5　学生之家网站功能结构图

10.2.3　数据库设计

本项目采用 MySQL 5.1 作为数据库保存系统数据，相关的数据表如表 10-1 至表 10-7 所示。

表 10-1 用户表（user）

字段名称	数据类型	字段长度	说明
id	int	10	自动编号
name	varchar	45	用户名
password	varchar	45	密码
truename	varchar	45	真实姓名
able	int	10	权限（0为系统管理员，1为学工管理员）
branch	varchar	45	所属系部
job	varchar	45	职位
sex	varchar	45	性别
email	varchar	45	电子邮件
tel	varchar	45	电话号码
address	varchar	45	地址
foundTime	varchar	45	创建时间

表 10-2 公告表（notice）

字段名称	数据类型	字段长度	说明
id	int	10	自动编号
title	varchar	45	标题
content	varchar	200	内容
inputtime	varchar	45	发布时间
department	varchar	45	发布部门

表 10-3 新闻表（news）

字段名称	数据类型	字段长度	说明
id	int	10	自动编号
title	varchar	200	标题
lb	varchar	50	类别
contents	varchar	3000	内容
inputtime	varchar	20	发布时间
updatetime	varchar	20	更新时间
department	varchar	50	发布部门
picname	varchar	45	图片文件名
picshow	int	10	图片显示标志，1表示显示图片，0表示不显示图片

表 10-4 文件表（file）

字段名称	数据类型	字段长度	说明
fileid	int	10	文件号，自动编号
filename	varchar	100	文件名
fileext	varchar	10	文件格式

续表

字段名称	数据类型	字段长度	说明
inputtime	varchar	20	发布时间
department	varchar	45	发布部门

表 10-5　特色活动表（activity）

字段名称	数据类型	字段长度	说明
id	int	10	自动编号
title	varchar	100	标题
contents	varchar	2000	内容
inputtime	varchar	20	发布时间
updatetime	varchar	20	修改时间
department	varchar	50	发布部门
images	varchar	50	活动图片名称

表 10-6　荣誉表（honor）

字段名称	数据类型	字段长度	说明
id	int	10	自动编号
title	varchar	100	活动标题
department	varchar	50	发布部门
images	varchar	50	荣誉图片名
inputtime	varchar	45	发布时间

表 10-7　勤工俭学表（workstudy）

字段名称	数据类型	字段长度	说明
id	int	10	自动编号
title	varchar	100	标题
contents	varchar	2000	内容
inputtime	varchar	20	发布时间
updatetime	varchar	20	更新时间

10.2.4　类的设计

（1）VO 类设计。

特色活动类：Activity.java。

文件类：File.java。

荣誉类：Honor.java。

新闻类：News.java。

公告类：Notice.java。

用户类：User.java。

勤工俭学类：Workstudy.java。

（2）DAO 接口设计。

ActivityDao：特色活动数据访问接口，包括特色活动添加、删除、修改、查询等方法。

FileDao：文件数据访问接口，包括文件添加、删除、查询等方法。

HonorDao：荣誉数据访问接口，包括荣誉添加、删除、修改、查询等方法。

NewsDao：新闻数据访问接口，包括新闻添加、删除、修改、查询等方法。

NoticeDao：公告数据访问接口，包括公告添加、删除、修改、查询等方法。

UserDao：用户数据访问接口，包括用户添加、删除、修改、查询等方法。

WorkstudyDao：勤工俭学数据访问接口，包括勤工俭学信息添加、删除、修改、查询等方法。

（3）业务逻辑接口设计。

ActivityBiz：特色活动业务处理接口，包括特色活动添加、删除、更新、分页显示、查看特色活动详细信息等方法。

FileBiz：文件业务接口，包括文件添加、删除、分页显示、查看文件详细信息等方法。

HonorBiz：荣誉业务接口，包括荣誉添加、删除、更新、分页显示、查看荣誉详细信息等方法。

NewsBiz：新闻业务接口，包括新闻添加、删除、更新、分页显示、前台动态显示图片、查看新闻详细信息等方法。

NoticeBiz：公告业务接口，包括公告添加、删除、更新、分页显示、查看公告具体信息等方法。

UseBiz：用户业务接口，包括用户添加、删除、更新、分页显示、查看用户具体信息、用户登录等方法。

WorkstudyBiz：勤工俭学业务接口，包括勤工俭学信息添加、删除、更新、分页显示、查看勤工俭学具体信息等方法。

（4）工具类设计。

Page.java：分页相关的工具类，包括获取表的总记录、获取总页码、获取当前页等方法。

BaseDao.java：数据库连接工具类，包括获取数据库连接、释放资源等方法。

（5）Servlet 设计。

HomeServlet.java：获取前台首页显示相关的数据列表。

BranchServlet.java：获取前台分支页显示相关的数据列表。

ShowServlet.java：获取前台详细页显示相关的数据。

ActivityServlet.java：依据动作请求参数处理特色活动相关业务逻辑操作。

FileServlet.java：依据动作请求参数处理文件相关业务逻辑操作。

HonorServlet.java：依据动作请求参数处理荣誉相关业务逻辑操作。

NewsServlet.java：依据动作请求参数处理新闻相关业务逻辑操作。

NoticeServlet.java：依据动作请求参数处理公告相关业务逻辑操作。

UserServlet.java：处理用户相关业务逻辑操作。

ValidateCode.java：生成验证码。

WorkstudyServlet.java：依据动作请求参数处理勤工俭学相关业务逻辑操作。

10.3 网站管理功能实现

10.3.1 网站管理功能概述

只有系统管理员及学工管理员登录后才能进行网站管理，系统管理员能够对用户、新闻、公告、文件、荣誉、特色活动、勤工俭学模块进行管理，学工管理员能够管理新闻、荣誉、特色活动和文件模块。下面以用户管理、新闻管理、文件管理为例进行代码实现。

10.3.2 用户管理模块实现

用户管理模块具有添加用户、维护（删除、更新、显示）用户信息、用户登录等功能。

1. 模型（M）实现

（1）创建用户 VO 类。用户 VO 类包括用户 id、用户名、密码、真名、权限、部门、职位、性别、电子邮件地址、电话号码、地址、创建时间。

清单 10-1　User.java。

```java
package entity;
public class User {
    private int id;
    private String name;
    private String password;
    private String truename;
    private String able;
    private String branch;
    private String job;
    private String sex;
    private String email;
    private String tel;
    private String address;
    private String foundTime;
    public int getId() {
        return id;
    }
    public void setId(int id) {
        this.id = id;
    }
    //以下省略其他属性的setter、getter方法
}
```

（2）DAO 接口及实现类。

清单 10-2　UserDao.java。

```java
package dao;
import java.util.List;
import entity.User;
public interface UserDao {
    public User findOneUser(int id);              //查询一条管理员信息
```

```java
    public User findUserByName(String name);              //根据用户名查询
    public int addUser(User user);                        //增加一条管理员信息
    public int deleteUser(int id);                        //删除一条管理员信息
    public int updateUser(User user);                     //更新一条管理员信息
    public List<User> pagingUser(int page,int pagesize,String condition);   //用户分页
}
```

清单 10-3　BaseDao.java。

```java
package dao;
import java.sql.*;
public class BaseDao {
    public final static String driver = "com.mysql.jdbc.Driver";
    public final static String url = "jdbc:mysql://localhost:3306/stuunion";
    public final static String dbName = "root";
    public final static String dbPass = "123";
    static private Connection conn = null;
    static private PreparedStatement pstmt = null;
    static private ResultSet rs = null;
    /**
     * 得到数据库连接
     */
    public static Connection getConn() throws ClassNotFoundException, SQLException{
        Class.forName(driver);
        return DriverManager.getConnection(url,dbName,dbPass);
    }
    /**
     * 释放资源
     */
    public static void closeAll( Connection conn, PreparedStatement pstmt, ResultSet rs ) {
        /* 如果rs不空，关闭rs */
        if(rs != null){
            try { rs.close();} catch (SQLException e) {e.printStackTrace();}
        }
        /* 如果pstmt不空，关闭pstmt */
        if(pstmt != null){
            try { pstmt.close();} catch (SQLException e) {e.printStackTrace();}
        }
        /* 如果conn不空，关闭conn */
        if(conn != null){
            try { conn.close();} catch (SQLException e) {e.printStackTrace();}
        }
    }
    public static int executeSQL(String sql,String[] param) {
        Connection conn = null;
        PreparedStatement pstmt = null;
        int num = 0;
        /* 处理SQL，执行SQL */
        try {
            conn = getConn();
            pstmt = conn.prepareStatement(sql);
            if( param != null ) {
                for( int i = 0; i < param.length; i++ ) {
                    pstmt.setString(i+1, param[i]);           //为预编译SQL设置参数
```

```java
            }
          }
          num = pstmt.executeUpdate();
        } catch (ClassNotFoundException e) {
          e.printStackTrace();
        } catch (SQLException e) {
          e.printStackTrace();
        } finally {
          closeAll(conn,pstmt,null);
        }
      return num;
    }
}
```

清单 10-4　UserDaoImpl.java。

```java
package dao.impl;
import java.sql.*;
import java.util.*;
import dao.*;
import entity.User;
public class UserDaoImpl implements UserDao {
    Connection conn=null;
    PreparedStatement pstmt=null;
    ResultSet rs=null;
    //增加用户信息
    public int addUser(User user) {
      int adduser=0;
      String sql="INSERT INTO user(name,password,truename,able,branch,job,sex,email,tel,address,foundTime)VALUES(?,?,?,?,?,?,?,?,?,?,?)";
      String []param={user.getName(),user.getPassword(),user.getTruename(),user.getAble(),
          user.getBranch(),user.getJob(),user.getSex(),user.getEmail(),user.getTel(),user.getAddress(),
          user.getFoundTime()};
      adduser=BaseDao.executeSQL(sql, param);
      return adduser;
    }
    //删除用户
    public int deleteUser(int id) {
      int delete=0;
      String sql="delete from user where id=?;";
      String []param={Integer.toString(id)};
      delete=BaseDao.executeSQL(sql, param);
      return delete;
    }
    //通过id查询
    public User findOneUser(int id) {
      User user=new User();
      String sql="select * from user where id=?";
      try {
        conn=BaseDao.getConn();
        pstmt=conn.prepareStatement(sql);
        pstmt.setInt(1,id);
        rs=pstmt.executeQuery();
        if(rs.next()){
```

```java
				user.setName(rs.getString("name"));
				user.setPassword(rs.getString("password"));
				user.setAble(rs.getString("able"));
				user.setAddress(rs.getString("address"));
				user.setBranch(rs.getString("branch"));
				user.setEmail(rs.getString("email"));
				user.setFoundTime(rs.getString("foundTime"));
				user.setId(rs.getInt("id"));
				user.setJob(rs.getString("job"));
				user.setSex(rs.getString("sex"));
				user.setTel(rs.getString("tel"));
				user.setTruename(rs.getString("truename"));
			}
		} catch (ClassNotFoundException e) {
			e.printStackTrace();
		} catch (SQLException e) {
			e.printStackTrace();
		}finally{
			BaseDao.closeAll(conn, pstmt, rs);
		}
		return user;
	}
	//通过姓名查询信息
	public User findUserByName(String name) {
		User user=new User();
		String sql="SELECT * FROM user WHERE name=?";
		try {
			conn=BaseDao.getConn();
			pstmt=conn.prepareStatement(sql);
			pstmt.setString(1,name);
			rs=pstmt.executeQuery();
			while(rs.next()){
				user.setName(rs.getString("name"));
				user.setId(rs.getInt("id"));
				user.setPassword(rs.getString("password"));
				user.setAble(rs.getString("able"));
				user.setTruename(rs.getString("truename"));
				user.setBranch(rs.getString("branch"));
			}
		} catch (ClassNotFoundException e) {
			e.printStackTrace();
		} catch (SQLException e) {
			e.printStackTrace();
		}finally{
			BaseDao.closeAll(conn, pstmt, rs);
		}
		return user;
	}
	//显示所有的信息
	public List<User> findUserList() {
		List<User> list=new ArrayList<User>();
		String sql="SELECT * FROM user WHERE able!='0'";
```

```java
        try {
            conn=BaseDao.getConn();
            pstmt=conn.prepareStatement(sql);
            rs=pstmt.executeQuery();
            while(rs.next()){
                User user=new User();
                user.setName(rs.getString("name"));
                user.setPassword(rs.getString("password"));
                user.setAble(rs.getString("able"));
                user.setAddress(rs.getString("address"));
                user.setBranch(rs.getString("branch"));
                user.setEmail(rs.getString("email"));
                user.setFoundTime(rs.getString("foundTime"));
                user.setId(rs.getInt("id"));
                user.setJob(rs.getString("job"));
                user.setSex(rs.getString("sex"));
                user.setTel(rs.getString("tel"));
                user.setTruename(rs.getString("truename"));
                list.add(user);
            }
        } catch (ClassNotFoundException e) {
            e.printStackTrace();
        } catch (SQLException e) {
            e.printStackTrace();
        }finally{
            BaseDao.closeAll(conn, pstmt, rs);
        }
        return list;
    }
    //修改用户信息
    public int updateUser(User user) {
        int update=0;
        String sql="update user set name=?,password=?,truename=?,able=?,branch=?,job=?,sex=?,email=?,tel=?,address=?,foundTime=? where id=?";
        String [] param={user.getName(),user.getPassword(),user.getTruename(),user.getAble(),user.getBranch(),user.getJob(),
        user.getSex(),user.getEmail(),user.getTel(),user.getAddress(),user.getFoundTime(),Integer.toString(user.getId())};
        update=BaseDao.executeSQL(sql, param);
        return update;
    }
    public List<User> pagingUser(int page, int pagesize,String condition) {//分页
        List<User> list=new ArrayList<User>();
        int rowBegin=0;    //表示刚开始的行数，表示每一页第一条记录在数据库中的行数
        if(page>1){
            //按页数取得开始行数，设每页可以显示pagesize条
            rowBegin=pagesize * (page-1);
        }
        String sql="select * from user "+condition+" limit "+rowBegin+","+pagesize;
        try {
            conn=BaseDao.getConn();
            pstmt=conn.prepareStatement(sql);
```

```
                rs=pstmt.executeQuery();
                while(rs.next()){
                    User user=new User();
                    user.setName(rs.getString("name"));
                    user.setPassword(rs.getString("password"));
                    user.setAble(rs.getString("able"));
                    user.setAddress(rs.getString("address"));
                    user.setBranch(rs.getString("branch"));
                    user.setEmail(rs.getString("email"));
                    user.setFoundTime(rs.getString("foundTime"));
                    user.setId(rs.getInt("id"));
                    user.setJob(rs.getString("job"));
                    user.setSex(rs.getString("sex"));
                    user.setTel(rs.getString("tel"));
                    user.setTruename(rs.getString("truename"));
                    list.add(user);
                }
        } catch (ClassNotFoundException e) {
            e.printStackTrace();
        } catch (SQLException e) {
            e.printStackTrace();
        }
        return list;
    }
}
```

（3）业务逻辑接口及实现类。

清单 10-5　UserBiz.java。

```
package biz;
import java.util.List;
import entity.User;
public interface UserBiz {
    public List<User> findUserList();                                      //查询所有管理员信息
    public User findOneUser(int id);                                       //查询一条管理员信息
    public User login(String name);                                        //登录
    public int addUser(User user);                                         //增加一条管理员信息
    public int deleteUser(int id);                                         //删除一条管理员信息
    public int updateUser(User user);                                      //更新一条管理员信息
    public List<User> pagingUser(int page,int pagesize,String condition);  //用户分页
}
```

清单 10-6　UserBizImpl.java。

```
package biz.impl;
import java.util.List;
import dao.impl.UserDaoImpl;
import entity.User;
import biz.UserBiz;
public class UserBizImpl implements UserBiz {
    public int addUser(User user) {
        return new UserDaoImpl().addUser(user);
    }
    public int deleteUser(int id) {
        return new UserDaoImpl().deleteUser(id) ;
```

```java
    }
    public User findOneUser(int id) {
        return new UserDaoImpl().findOneUser(id);
    }
    public User login(String name) {
        return new UserDaoImpl().findUserByName(name);
    }
    public List<User> findUserList() {
        return new UserDaoImpl().findUserList();
    }
    public int updateUser(User user) {
        return new UserDaoImpl().updateUser(user);
    }
    public List<User> pagingUser(int page, int pagesize,String condition) {
        return new UserDaoImpl().pagingUser(page, pagesize,condition);
    }
}
```

清单 10-7　Page.java。

```java
package util;
import java.sql.*;
import dao.BaseDao;
public class Page {
    public int getCount(String tablename,String condition){ //获取表的总记录
        String sql="SELECT count(*) FROM "+tablename+ " "+condition;
        int count=0;
        try{
            Connection con=   BaseDao.getConn();
            PreparedStatement ps=con.prepareStatement(sql);
            ResultSet rs=   ps.executeQuery();
            if(rs.next()){
                count=rs.getInt(1);
            }
        }catch(Exception e){
            e.printStackTrace();
        }
        return count;
    }
    public int getTotalPages(int count ,int pageSize){
        int totalpages=0;
        totalpages=(count%pageSize==0)?(count/pageSize):(count/pageSize+1);
        return totalpages;
    }
    public int getcurrentpage(String page,int pageSize,String tablename){
        int totalpage=getTotalPages(getCount(tablename,"") ,pageSize);
        if(page==null){
            page="1";   //第一页
        }
        int p=Integer.parseInt(page);
        if(p<1){
            p=1;   //翻页时到了第一页，再翻上一页情况
        }
        else if(p>totalpage){
```

```
            p=totalpage;      //翻页时到了最后一页，再向下翻页情况
        }
        return p;
    }
}
```

2. 控制器（C）实现

与用户管理模块相关的 Servlet 有 UserServlet 和 ValidateCode。在 web.xml 中进行清单 10-8 中的配置。

清单 10-8　web.xml 配置关键代码。

```xml
<servlet>
    <servlet-name>ValidateCode</servlet-name>
    <servlet-class>servlet.ValidateCode</servlet-class>
</servlet>
<servlet>
    <servlet-name>UserServlet</servlet-name>
    <servlet-class>servlet.UserServlet</servlet-class>
</servlet>
<servlet-mapping>
    <servlet-name>ValidateCode</servlet-name>
    <url-pattern>/ValidateCode</url-pattern>
</servlet-mapping>
<servlet-mapping>
    <servlet-name>UserServlet</servlet-name>
    <url-pattern>/user/UserServlet</url-pattern>
</servlet-mapping>
```

下面是 ValidateCode 和 UserServlet 这两个 Servlet 的代码。

清单 10-9　ValidateCode.java。

```java
package servlet;
import java.awt.*;
import java.awt.image.BufferedImage;
import java.io.*;
import javax.imageio.ImageIO;
import javax.servlet.*;
import javax.servlet.http.*;
public class ValidateCode extends HttpServlet {
    private static int WIDTH = 60;
    private static int HEIGHT = 20;
    public void doGet(HttpServletRequest request,HttpServletResponse response)
    throws ServletException,IOException
    {
        HttpSession session = request.getSession();
        response.setContentType("image/jpeg");
        ServletOutputStream sos = response.getOutputStream();
        //设置浏览器不要缓存此图片
        response.setHeader("Pragma","No-cache");
        response.setHeader("Cache-Control","no-cache");
        response.setDateHeader("Expires", 0);
        //创建内存图像并获得其图形上下文
        BufferedImage image = new BufferedImage(WIDTH, HEIGHT, BufferedImage.TYPE_INT_RGB);
        Graphics g = image.getGraphics();
```

```java
//产生随机的认证码
char [] rands = generateCheckCode();
//产生图像
drawBackground(g);
drawRands(g,rands);
//结束图像的绘制过程,完成图像
g.dispose();
//将图像输出到客户端
ByteArrayOutputStream bos = new ByteArrayOutputStream();
ImageIO.write(image, "JPEG", bos);
byte [] buf = bos.toByteArray();
response.setContentLength(buf.length);
//下面的语句也可以写成：bos.writeTo(sos);
sos.write(buf);
bos.close();
sos.close();
//将当前验证码存入到Session中
session.setAttribute("check_code",new String(rands));
}
private char [] generateCheckCode()
{
    //定义验证码的字符表
    String chars = "0123456789abcdefghijklmnopqrstuvwxyz";
    char [] rands = new char[4];
    for(int i=0; i<4; i++)
    {
        int rand = (int)(Math.random() * 36);
        rands[i] = chars.charAt(rand);
    }
    return rands;
}
private void drawRands(Graphics g , char [] rands)
{
    g.setColor(Color.BLACK);
    g.setFont(new Font(null,Font.ITALIC|Font.BOLD,18));
    //在不同的高度上输出验证码的每个字符
    g.drawString("" + rands[0],1,17);
    g.drawString("" + rands[1],16,15);
    g.drawString("" + rands[2],31,18);
    g.drawString("" + rands[3],46,16);
}
private void drawBackground(Graphics g)
{
    //画背景
    g.setColor(new Color(0xDCDCDC));
    g.fillRect(0, 0, WIDTH, HEIGHT);
    //随机产生120个干扰点
    for(int i=0; i<120; i++)
    {
        int x = (int)(Math.random() * WIDTH);
        int y = (int)(Math.random() * HEIGHT);
        int red = (int)(Math.random() * 255);
```

```java
            int green = (int)(Math.random() * 255);
            int blue = (int)(Math.random() * 255);
            g.setColor(new Color(red,green,blue));
            g.drawOval(x,y,1,0);
        }
    }
}
```

清单 10-10　UserServlet.java。

```java
package servlet;
import java.io.IOException;
import java.text.SimpleDateFormat;
import java.util.Date;
import javax.servlet.ServletException;
import javax.servlet.http.*;
import util.Page;
import biz.impl.UserBizImpl;
import entity.User;
public class UserServlet extends HttpServlet {
    public void doGet(HttpServletRequest request, HttpServletResponse response)
    throws ServletException, IOException {
        doPost(request, response);
    }
    public void doPost(HttpServletRequest request, HttpServletResponse response)
    throws ServletException, IOException {
        request.setCharacterEncoding("utf-8");
        HttpSession session=request.getSession();
        String action=request.getParameter("action");
        if(action.equals("login")){
            String username=request.getParameter("username");
            String password=request.getParameter("password");
            String Validation=request.getParameter("Validation");
            //取到图片中的验证码
            String checkCode=(String)session.getAttribute("check_code");
            User user=new UserBizImpl().login(username);
            if(user==null){
                request.setAttribute("errmsg","0");
                request.getRequestDispatcher("/error.jsp").forward(request, response);
            }
            else{  if(username.equals(user.getName())&&password.equals(user.getPassword())){
                    //用户名和密码进行匹配
                    if(Validation.equals(checkCode)){
                        //验证码的判断
                        session.setAttribute("User", user);
                        request.getRequestDispatcher("/manage/index.jsp").forward(request, response);
                    }else{
                        request.setAttribute("errmsg","2");
                        request.getRequestDispatcher("/error.jsp").forward(request, response);
                    }
                }
                else{
                    request.setAttribute("errmsg","1");
                    request.getRequestDispatcher("/error.jsp").forward(request, response);
```

```java
            }
          }
        }
        if(action.equals("out")){
            session.removeAttribute("User");
            session.invalidate();
            response.sendRedirect("../login.jsp");
        }
        if(action.equals("userlist")){//显示用户
            String page=request.getParameter("page");
            int totalpages=new Page().getTotalPages(new Page().getCount("user", "where able!=0"), 6);
            int currentpage=new Page().getcurrentpage(page, 6, "user");
            request.setAttribute("totalpage",totalpages);
            request.setAttribute("currentpage",currentpage);
            request.setAttribute("userlist", new UserBizImpl().pagingUser(currentpage, 6,"where able!=0"));
            request.getRequestDispatcher("./user_list.jsp").forward(request, response);
        }
        //增加用户
        if(action.equals("adduser")){
            User user=new User();
            user.setAble(request.getParameter("able"));
            user.setAddress(request.getParameter("address"));
            user.setBranch(request.getParameter("branch"));
            user.setEmail(request.getParameter("email"));
            user.setFoundTime(new SimpleDateFormat("yyyy年MM月dd日").format(new Date()));
            user.setJob(request.getParameter("job"));
            user.setName(request.getParameter("name"));
            user.setPassword(request.getParameter("password"));
            user.setSex(request.getParameter("sex"));
            user.setTel(request.getParameter("tel"));
            user.setTruename(request.getParameter("truename"));
            int add=new UserBizImpl().addUser(user);
            if(add>0){   request.getRequestDispatcher("./UserServlet?action=userlist").forward(request, response);
            }else{
                request.setAttribute("errmsg","1");
                request.getRequestDispatcher("/error.jsp").forward(request, response);
            }
        }
        if(action.equals("delete")){//删除用户
            int id=Integer.parseInt(request.getParameter("id"));
            int delete=new UserBizImpl().deleteUser(id);
            if(delete>0){
                request.getRequestDispatcher("./UserServlet?action=userlist").forward(request, response);
            }
            else{
                request.setAttribute("errmsg","2");
                request.getRequestDispatcher("/error.jsp").forward(request, response);
            }
        }
        if(action.equals("modify")){
            int id=Integer.parseInt(request.getParameter("id"));
```

```
        request.setAttribute("oneuser",new UserBizImpl().findOneUser(id));
        request.getRequestDispatcher("./user_modify.jsp").forward(request, response);
    }
    if(action.equals("updateuser")){//修改用户的信息
        User user=new User();
        user.setAddress(request.getParameter("address"));    //获得表单数据
        user.setBranch(request.getParameter("branch"));
        user.setEmail(request.getParameter("email"));
        user.setFoundTime(request.getParameter("foundtime"));
        user.setId(Integer.parseInt(request.getParameter("id")));
        user.setAble(request.getParameter("able"));
        user.setJob(request.getParameter("job"));
        user.setName(request.getParameter("name"));
        user.setPassword(request.getParameter("password"));
        user.setSex(request.getParameter("sex"));
        user.setTel(request.getParameter("tel"));
        user.setTruename(request.getParameter("truename"));
        int update=new UserBizImpl().updateUser(user);
        if(update>0){
            request.getRequestDispatcher("./UserServlet?action=userlist").forward(request, response);
        }
        else{
            request.setAttribute("errmsg","3");
            request.getRequestDispatcher("/error.jsp").forward(request, response);
        }
    }if(action.equals("add")){
        request.getRequestDispatcher("./user_add.jsp").forward(request, response);
    }
  }
}
```

3. 视图（V）实现

下面来看同用户管理模块相关的页面及代码。

（1）管理员登录页面。

清单 10-11 login.jsp 管理员登录页面关键代码。

```
<form name="form2" method="post"action="user/UserServlet?action=login" onSubmit="return check();">
  <dl>
    <dt>
      用户名：
    </dt>
    <dd>
      <input type="text" name="username" />
    </dd>
    <dt>
      密  码：
    </dt>
    <dd>
      <input type="password" class="alltxt" name="password" />
    </dd>
    <dt>
      验证码：
    </dt>
```

```
                <dd>
                    <input id="vdcode" type="text" name="Validation">
                </dd>
                <dt>
                    <img src=validateCode width="58" height="22" onClick="this.src=this.src+'?'" alt="看不
                    清！换一个试试吧">
                </dt>
                <dd>
                    <button type="submit" class="login-btn" value="">
                        登 入
                    </button>
                      
                    <button type="reset" class="login-btn" value="">
                        重 置
                    </button>
                </dd>
            </dl>
        </form>
```

显示效果如图 10-6 所示。

图 10-6　登录页面

（2）后台管理首页。登录成功后转向后台管理页面（manage/index.jsp），显示效果如图 10-7 所示。

图 10-7　后台管理首页

清单 10-12 manage/index.jsp 代码。

```jsp
<%@ page language="java" contentType="text/html; charset=UTF-8"
    pageEncoding="UTF-8" %>
<%@ taglib prefix="c" uri="http://java.sun.com/jstl/core_rt"%>
<%@ taglib uri="http://java.sun.com/jstl/fmt_rt" prefix="fmt"%>
<html>
<head>
<meta http-equiv="Content-Type" content="text/html; charset=utf-8" />
<title>后台管理</title>
<link type="text/css" rel="stylesheet" href="../css/style.css" />
</head>
<body>
<jsp:include page="top.jsp" />
<div id="main" class="wrap">
    <jsp:include page="leftbar.jsp" />
    <div class="main">
        <h2>管理首页</h2>
        <div id="welcome" class="manage">
            <div class="shadow">
                <em class="corner lb"></em>
                <em class="corner rt"></em>
                <div class="box">
                    <div class="msg">
                        <p>欢迎回来</p>
                    </div>
                </div>
            </div>
        </div>
        <div class="clear"></div>
    </div>
<div id="footer">
    Copyright &copy; 2012 XXXXXX All Rights Reserved.
</div>
</body>
</html>
```

清单 10-13 左侧菜单栏 leftbar.jsp 代码。

```jsp
<%@ page language="java" contentType="text/html; charset=UTF-8"
pageEncoding="UTF-8"%>
<%@ taglib prefix="c" uri="http://java.sun.com/jstl/core_rt" %>
<link type="text/css" rel="stylesheet" href="../css/style.css" />
<div id="menu-mng" class="lefter">
    <div class="box">
        <dl>
        <c:set var="able" value="${User.able}"/>
        <c:if test="${able==0}">
            <dt>用户管理模块</dt>
            <dd><a href="../user/UserServlet?action=add">新增用户</a></dd>
            <dd><a href="../user/UserServlet?action=userlist">用户管理</a></dd>
            <dt>公告管理模块</dt>
            <dd><a href="../notice/NoticeServlet?action=add">添加公告</a></dd>
```

```html
              <dd><a href="../notice/NoticeServlet?action=noticelist">维护公告</a></dd>
            </c:if>
            <dt>新闻管理模块</dt>
            <dd><a href="../news/NewsServlet?action=add">添加新闻</a></dd>
            <dd><a href="../news/NewsServlet?action=newslist">维护新闻</a></dd>
        <c:if test="${able==0}">
            <dd><a href="../news/NewsServlet?action=newspic">新闻焦点图片管理</a></dd>
        </c:if>
            <dt>文件管理模块</dt>
            <dd><a href="../file/FileServlet?action=add">上传文件</a></dd>
            <dd><a href="../file/FileServlet?action=filelist">维护文件</a></dd>
            <dt>特色活动管理模块</dt>
            <dd><a href="../activity/ActivityServlet?action=add">添加活动</a></dd>
            <dd><a href="../activity/ActivityServlet?action=activitylist">维护活动</a></dd>
            <dt>荣誉管理模块</dt>
            <dd><a href="../honor/HonorServlet?action=add">添加荣誉</a></dd>
            <dd><a href="../honor/HonorServlet?action=honorlist">维护荣誉</a></dd>
        <c:if test="${able==0}">
            <dt>勤工俭学管理模块</dt>
            <dd><a href="../workstudy/WorkstudyServlet?action=addwork">添加勤工俭学</a></dd>
            <dd><a href="../workstudy/WorkstudyServlet?action=workstudylist">维护勤工俭学</a></dd>
        </c:if>
        </dl>
    </div>
</div>
```

（3）新增用户页面。

清单 10-14　user/user_add.jsp。

```html
<jsp:include page="/manage/top.jsp" />
<div id="main" class="wrap">
<jsp:include page="/manage/leftbar.jsp" />
<div class="main">
<h2>添加用户<br /></h2>
<div class="manage">
<form action="./UserServlet?action=adduser" method="post" onsubmit="return check11()" name="form2">
<table class="form">
<tr>
  <td class="field">用户名：</td>
  <td><input name="name" type="text" id="td"/></td>
</tr>
<tr>
  <td class="field">密码：</td>
  <td><input name="password" type="password" id="td"/></td>
</tr>
<tr>
  <td class="field">真实姓名：</td>
  <td><input name="truename" type="text" id="td"/></td>
</tr>
<tr>
  <td class="field">权限：</td>
```

```html
        <td><select name="able" id="able">
        <option value="1">管理员</option>
        </select></td>
    </tr>
    <tr>
        <td class="field">系部：</td>
        <td><select name="branch" id="branch">
        <option value="软件与服务外包学院" selected="selected">软件与服务外包学院</option>
        <option value="现代港口与物流管理系">现代港口与物流管理系</option>
        <option value="机电工程系">机电工程系</option>
        <option value="生物与化学工程系">生物与化学工程系</option>
        <option value="应用外语系">应用外语系</option>
        <option value="电气工程学院">电气工程学院</option>
        <option value="艺术设计系">艺术设计系</option>
        <option value="继续教育学院">继续教育学院</option>
        <option value="院学生会">院学生会</option>
        </select></td>
    </tr>
    <tr>
        <td class="field">职务：</td>
        <td><input name="job" type="text" id="td"/></td>
    </tr>
    <tr>
        <td class="field">性别：</td>
        <td><input name="sex" type="radio" id="radio" value="男" checked="checked" />男
        <input type="radio" name="sex" id="radio2" value="女" />女</td>
    </tr>
    <tr>
        <td class="field">Email：</td>
        <td><input name="email" type="text" id="td"/></td>
    </tr>
    <tr>
        <td class="field">电话：</td>
        <td><input name="tel" type="text" id="td"\></td>
    </tr>
    <tr>
        <td class="field">地址：</td>
        <td><input name="address" type="text" id="td"/></td>
    </tr>
    <tr>
        <td></td>
        <td><label class="ui-blue"><input type="submit" name="submit" value="添加" /></label></td>
    </tr>
    </table>
    </form>
    </div>
    </div>
    <div class="clear"></div>
    </div>
```

页面显示效果如图 10-8 所示。

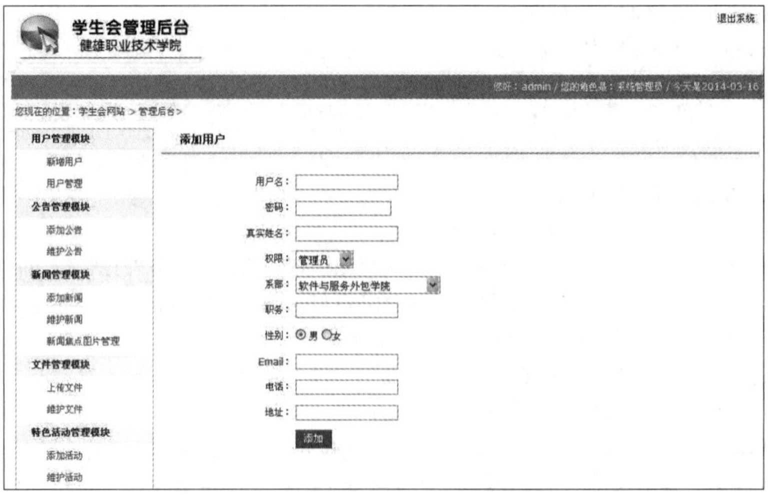

图 10-8 添加用户页面

（4）分页显示用户列表页面。

清单 10-15　user/user_list.jsp 关键代码。

```
<h2>用户信息<br /></h2>
  <div class="manage">
  <table class="list">
    <tr>
      <th>用户名</th>
      <th>密码</th>
      <th>真实姓名</th>
      <th>性别</th>
      <th>系部</th>
      <th>电子邮件</th>
      <th>操作</th>
    </tr>
<c:forEach items="${userlist}" var="user">
    <tr>
      <td class="c">${user.name}</td>
      <td class="c">${user.password}</td>
      <td class="c">${user.truename }</td>
      <td class="c">${user.sex}</td>
      <td class="c">${user.branch }</td>
      <td class="c">${user.email }</td>
      <td class="w1 c"><a href="./UserServlet?action=delete&id=${user.id }" onclick='return confirm("确定要删除吗？")'>删除</a>  <a href="./UserServlet?action=modify&id=${user.id }">修改</a></td>
    </tr>
</c:forEach>
</table>
  <div class="pager">
    <ul class="clearfix">
    <c:forEach var="i" begin="1" end="${totalpage}" step="1">
      <li><a href="./UserServlet?action=userlist&page=${i}">${i}</a></li>
    </c:forEach>
    </ul>
  </div>
```

页面显示效果如图 10-9 所示。

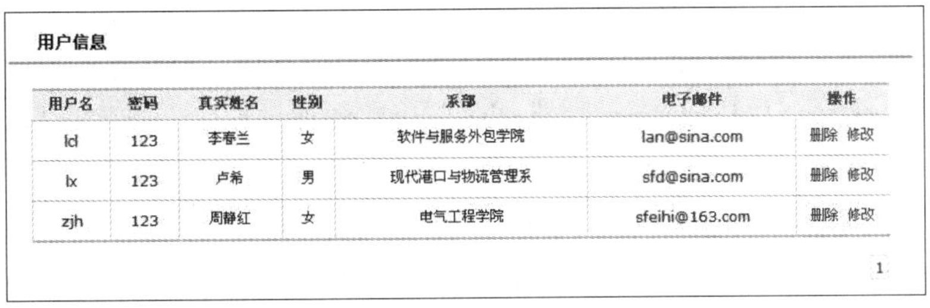

用户信息

用户名	密码	真实姓名	性别	系部	电子邮件	操作
lcl	123	李春兰	女	软件与服务外包学院	lan@sina.com	删除 修改
lx	123	卢希	男	现代港口与物流管理系	sfd@sina.com	删除 修改
zjh	123	周静红	女	电气工程学院	sfeihi@163.com	删除 修改

1

图 10-9 用户信息列表显示页面

（5）修改用户页面。

清单 10-16 user/user_modify.jsp 关键代码。

```
<h2>修改用户<br /></h2>
    <div class="manage">
<form action="./UserServlet?action=updateuser&id=${oneuser.id}" method="post" name="form1">
<table class="form">
  <tr>
    <td class="field">用户名</td>
    <td><input type="text" name="name" value="${oneuser.name}"></input></td>
  </tr>
  <tr>
    <td class="field">密码</td>
    <td><input type="text" name="password" value="${oneuser.password}"></input></td>
  </tr>
  <tr>
    <td class="field">真实姓名</td>
    <td><input type="text" name="truename" value="${oneuser.truename}"></input></td>
  </tr>
  <tr>
    <td class="field">权限</td>
    <td><input type="text" name="able" value="${oneuser.able}"></input></td>
  </tr>
  <tr>
    <td class="field">系部</td>
    <td><input type="text" name="branch" value="${oneuser.branch}"></input></td>
  </tr>
  <tr>
    <td class="field">职务</td>
    <td><input type="text" name="job" value="${oneuser.job}"></input></td>
  </tr>
  <tr>
    <td class="field">性别</td>
    <td><input type="text" name="sex" value="${oneuser.sex}"></input></td>
  </tr>
  <tr>
    <td class="field">电子邮件</td>
    <td><input type="text" name="email" value="${oneuser.email}"></input></td>
  </tr>
  <tr>
    <td class="field">电话号码</td>
```

```html
            <td><input type="text" name="tel" value="${oneuser.tel}"></input></td>
        </tr>
        <tr>
            <td class="field">地址</td>
            <td><input type="text" name="address" value="${oneuser.address}"></input></td>
        </tr>
        <tr>
            <td class="field">时间</td>
            <td><input type="text" name="foundtime" value="${oneuser.foundTime}"></input></td>
        </tr>
        <tr>
            <td></td>
            <td><label class="ui-blue"><input type="submit" name="submit" value="修改" /></label></td>
        </tr>
    </table>
</form>
```

页面显示效果如图 10-10 所示。

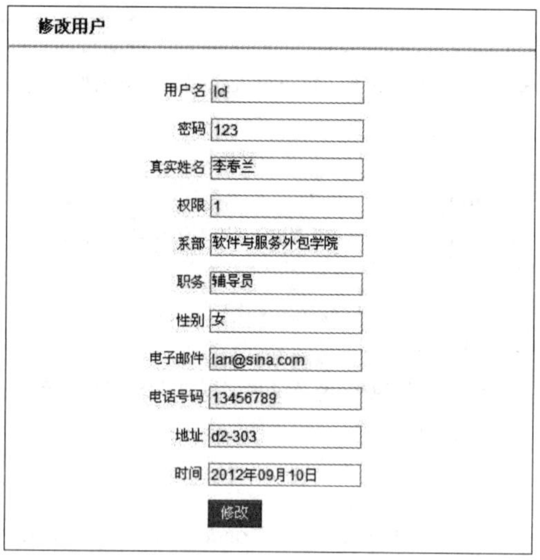

图 10-10 修改用户页面

10.3.3 实训 使用 MVC 模式实现勤工俭学管理

训练要点：
- 在应用程序中使用 MVC 模式。
- 使用 Servlet 开发应用程序。

需求说明：勤工俭学模块具有添加勤工俭学信息和维护（删除、更新）勤工俭学信息功能，页面显示效果如图 10-11 至图 10-13 所示。

实现思路：

（1）开发模型：创建 VO 类，创建 DAO 接口及实现类，创建业务逻辑接口及实现类。

（2）开发控制器：创建 Servlet 作为控制器，调用模型，使用 HttpSession 存放查询结果，转向指定的视图。

（3）开发视图：图 10-11 至图 10-13 所示的页面，使用 EL 和 JSTL 显示信息。

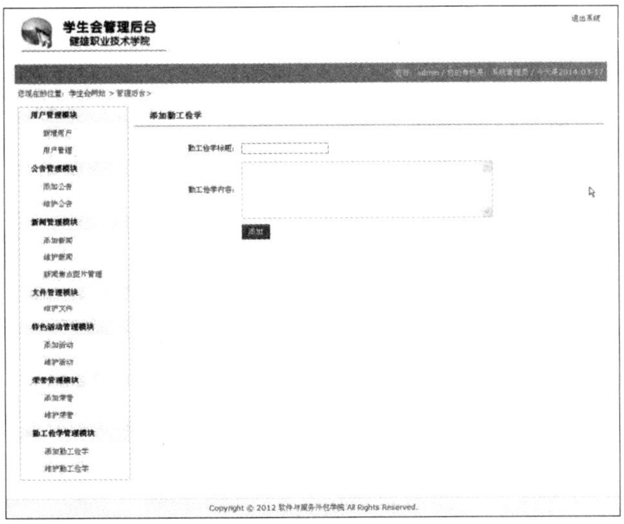

图 10-11　添加勤工俭学页面

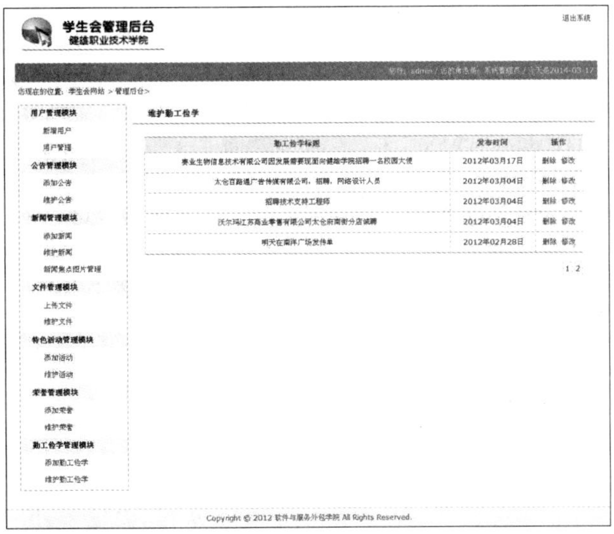

图 10-12　维护勤工俭学页面

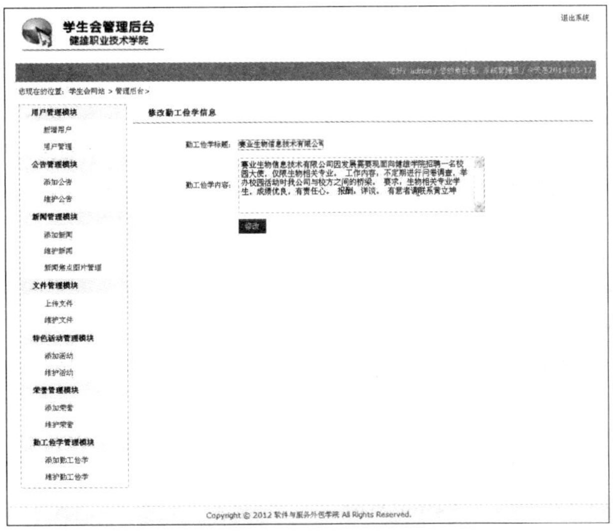

图 10-13　修改页面

10.3.4 新闻管理模块实现

新闻管理模块具有添加新闻、维护新闻信息（删除新闻、更新新闻、下载新闻图片）、新闻焦点图片管理（管理前台首页显示的图片）功能。

1. 模型（M）实现

（1）创建新闻 VO 类。

新闻 VO 类包括新闻 id、新闻标题、新闻类别、新闻内容、发布时间、更新时间、发布部门、图片名字、焦点图片标志。代码省略。

（2）DAO 接口及实现类。

清单 10-17　NewDao.java。

```java
package dao;
import java.util.List;
import entity.News;
public interface NewsDao {
    //网站前台首页显示前pagesize条新闻
    public List <News> Showlastnews( int pagesize);
    public List <News> searchallnews(int page,int pagesize,String condition);    //新闻分页
    public News finaNewsList(int id);                //通过id显示一条新闻的信息
    public int deleteNew(int id);                    //删除新闻信息
    public int updateNews(News news);                //更新一条新闻内容
    public int addNews(News news);                   //增加一条新闻
    public List <News> showPic(int page,int pagesize);   //对图片进行分页
    public int updatePic(News news);                 //对有图片的设置焦点
    public List<News> findNewPic(int pagesize);      //显示焦点图片
    public List <News> pageing(int page,int pagesize); //前台页面新闻显示分页
}
```

清单 10-18　NewsDaoImpl.java。

```java
package dao.impl;
import java.sql.*;
import java.util.*;
import dao.*;
import entity.News;
public class NewsDaoImpl implements NewsDao {
    Connection conn = null;
    PreparedStatement pstmt = null;
    ResultSet rs = null;
    public int addNews(News news) { //增加新闻信息
        int addnews = 0;
        String sql = "INSERT INTO news(title,lb,contents,inputtime,updatetime,department,picname,picshow) VALUES(?,?,?,?,?,?,?,?)";
        String param[] = { news.getTitle(), news.getLb(), news.getContents(),
            news.getInputtime(), news.getUpdatetime(),
            news.getDepartment(), news.getPicname(),
            Integer.toString(news.getPicshow()) };
        addnews = BaseDao.executeSQL(sql, param);
        return addnews;
    }
    public int deleteNew(int id) { //删除一条信息
        int deletenews = 0;
```

```java
        String sql = "DELETE FROM news WHERE id=?";
        String[] param = { Integer.toString(id) };
        deletenews = BaseDao.executeSQL(sql, param);
        return deletenews;
    }
    public News finaNewsList(int id) { //通过id查询一条新闻的信息
        News news = new News();
        String sql = "select * from news where id=?";
        try {
            conn = BaseDao.getConn();
            pstmt = conn.prepareStatement(sql);
            pstmt.setInt(1, id);
            rs = pstmt.executeQuery();
            if (rs.next()) {
                news.setId(rs.getInt("id"));
                news.setContents(rs.getString("contents"));
                news.setDepartment(rs.getString("department"));
                news.setInputtime(rs.getString("inputtime"));
                news.setLb(rs.getString("lb"));
                news.setTitle(rs.getString("title"));
                news.setUpdatetime(rs.getString("updatetime"));
                news.setPicname(rs.getString("picname"));
                news.setPicshow(rs.getInt("picshow"));
            }
        } catch (ClassNotFoundException e) {
            e.printStackTrace();
        } catch (SQLException e) {
            e.printStackTrace();
        } finally {
            BaseDao.closeAll(conn, pstmt, rs);
        }
        return news;
    }
    public int updateNews(News news) { //更新新闻信息
        int updatenews = 0;
        String sql = "update news set title=?,lb=?,contents=?,updatetime=?,department=? where id=?";
        String[] param = { news.getTitle(), news.getLb(), news.getContents(),
            news.getUpdatetime(), news.getDepartment(),
            Integer.toString(news.getId()) };
        updatenews = BaseDao.executeSQL(sql, param);
        return updatenews;
    }
    //显示前pagesize条最新新闻
    public List<News> Showlastnews(int pagesize) {
        List<News> list = new ArrayList<News>();
    String sql = "select  * from news order by inputtime desc limit "
            + (pagesize - 1);         //分页查询语句
        try {
            conn = BaseDao.getConn();
            pstmt = conn.prepareStatement(sql);
            rs = pstmt.executeQuery();
            while (rs.next()) {
```

```java
            News news = new News();
            news.setId(rs.getInt("id"));
            news.setContents(rs.getString("contents"));
            news.setDepartment(rs.getString("department"));
            news.setInputtime(rs.getString("inputtime"));
            news.setLb(rs.getString("lb"));
            news.setTitle(rs.getString("title"));
            news.setUpdatetime(rs.getString("updatetime"));
            news.setPicname(rs.getString("picname"));
            news.setPicshow(rs.getInt("picshow"));
            list.add(news);
        }
    } catch (ClassNotFoundException e) {
        e.printStackTrace();
    } catch (SQLException e) {
        e.printStackTrace();
    } finally {
        BaseDao.closeAll(conn, pstmt, rs);
    }
    return list;
}
public List<News> searchallnews(int page,int pagesize,String condition) { //分页显示
    List<News> list = new ArrayList<News>();
    int rowBegin = 0;    //开始行数，表示每页第一条记录在数据库中的行数
    if (page > 1) {
        //按页数取得开始行数，设每页可以显示pagesize条
        rowBegin = pagesize * (page - 1);
    }
    try {
        conn = BaseDao.getConn();        //连接数据库
        String sql="select * from news "+condition+" order by inputtime desc limit "+rowBegin+","+pagesize;
        pstmt = conn.prepareStatement(sql);    //预处理
        rs = pstmt.executeQuery();
        while (rs.next()) {
            News news = new News();
            news.setId(rs.getInt("id"));
            news.setContents(rs.getString("contents"));
            news.setDepartment(rs.getString("department"));
            news.setInputtime(rs.getString("inputtime"));
            news.setLb(rs.getString("lb"));
            news.setTitle(rs.getString("title"));
            news.setUpdatetime(rs.getString("updatetime"));
            news.setPicname(rs.getString("picname"));
            news.setPicshow(rs.getInt("picshow"));
            list.add(news);
        }
    } catch (ClassNotFoundException e) {
        e.printStackTrace();
    } catch (SQLException e) {
        e.printStackTrace();
    } finally {
```

```java
        BaseDao.closeAll(conn, pstmt, rs);    //关闭数据库
    }
    return list;
}
//对有图片的新闻进行分页
public List<News> showPic(int page, int pagesize) {
    List<News> list = new ArrayList<News>();
    int begin = 0;
    if (page > 1) {
        begin = pagesize * (page - 1);
    }
    try {
        conn = BaseDao.getConn();          //连接数据库
        String sql = "select * from news where picname!='no' order by inputtime desc limit "
                + begin + "," + pagesize;
        pstmt = conn.prepareStatement(sql);
        rs = pstmt.executeQuery();
        while (rs.next()) {
            News news = new News();
            news.setId(rs.getInt("id"));
            news.setContents(rs.getString("contents"));
            news.setInputtime(rs.getString("inputtime"));
            news.setLb(rs.getString("lb"));
            news.setTitle(rs.getString("title"));
            news.setUpdatetime(rs.getString("updatetime"));
            news.setPicname(rs.getString("picname"));
            news.setPicshow(rs.getInt("picshow"));
            list.add(news);
        }
    } catch (ClassNotFoundException e) {
        e.printStackTrace();
    } catch (SQLException e) {
        e.printStackTrace();
    } finally {
        BaseDao.closeAll(conn, pstmt, rs);    //关闭数据库
    }
    return list;
}
public int updatePic(News news) { //设置图片的焦点
    int update = 0;
    String sql = "update news set picshow=? where id=?";
    String[] param = { Integer.toString(news.getPicshow()),
            Integer.toString(news.getId()) };
    update = BaseDao.executeSQL(sql, param);
    return update;
}
public List<News> findNewPic(int pagesize) { //显示焦点图片
    List<News> list = new ArrayList<News>();
    String sql = "select * from news where picname!='no' and picshow =1 order by inputtime desc limit "+ (pagesize - 1);
    try {
        conn = BaseDao.getConn();          //连接数据库
```

```java
            pstmt = conn.prepareStatement(sql);
            rs = pstmt.executeQuery();
            while (rs.next()) {
                News news = new News();
                news.setId(rs.getInt("id"));
                news.setContents(rs.getString("contents"));
                news.setInputtime(rs.getString("inputtime"));
                news.setLb(rs.getString("lb"));
                news.setTitle(rs.getString("title"));
                news.setUpdatetime(rs.getString("updatetime"));
                news.setPicname(rs.getString("picname"));
                news.setPicshow(rs.getInt("picshow"));
                list.add(news);
            }
        } catch (ClassNotFoundException e) {
            e.printStackTrace();
        } catch (SQLException e) {
            e.printStackTrace();
        } finally {
            BaseDao.closeAll(conn, pstmt, rs);     //关闭数据库
        }
        return list;
    }
    //前台页面显示新闻列表
    public List<News> pageing(int page, int pagesize) {
        List<News> list = new ArrayList<News>();
        int rowBegin = 0;
        if (page > 1) {
            rowBegin = pagesize * (page - 1);
        }
        String sql = "SELECT * FROM news ORDER BY inputtime DESC limit "+ rowBegin + "," + pagesize;
        try {
            conn = BaseDao.getConn();              //连接数据库
            pstmt = conn.prepareStatement(sql);    //预处理
            rs = pstmt.executeQuery();
            while (rs.next()) {
                News news = new News();
                news.setId(rs.getInt("id"));
                news.setContents(rs.getString("contents"));
                news.setInputtime(rs.getString("inputtime"));
                news.setLb(rs.getString("lb"));
                news.setTitle(rs.getString("title"));
                news.setUpdatetime(rs.getString("updatetime"));
                news.setPicname(rs.getString("picname"));
                news.setPicshow(rs.getInt("picshow"));
                list.add(news);
            }
        } catch (ClassNotFoundException e) {
            e.printStackTrace();
        } catch (SQLException e) {
            e.printStackTrace();
        } finally {
```

```
        BaseDao.closeAll(conn, pstmt, rs);
      }
      return list;
    }
}
```

（3）业务逻辑接口及实现类。

清单 10-19　NewsBiz.java。

```java
package biz;
import java.util.List;
import entity.News;
public interface NewsBiz {
    public News finaNewsList(int id);                              //通过id显示一条新闻的信息
    public int deleteNew(int id);                                   //删除新闻信息
    public int updateNews(News news);                               //更新一条新闻内容
    public int addNews(News news);                                  //增加一条新闻
    public List <News> Showlastnews( int pagesize);                 //首页显示前pagesize条新闻
    public List <News> searchallnews(int page,int pagesize,String condition);   //分页
    public List <News> showPic(int page,int pagesize);              //对图片进行分页
    public int updatePic(News news);                                //对有图片的设置焦点
    public List<News> findNewPic(int pagesize);                     //显示焦点图片
    public List <News> pageing(int page,int pagesize);              //前台页面新闻显示分页
}
```

清单 10-20　NewsBizImpl.java。

```java
package biz.impl;
import java.util.List;
import dao.impl.NewsDaoImpl;
import entity.News;
import biz.NewsBiz;
public class NewsBizImpl implements NewsBiz {
    public int addNews(News news) {
        return new NewsDaoImpl().addNews(news);
    }
    public int deleteNew(int id) {
        return new NewsDaoImpl().deleteNew(id);
    }
    public News finaNewsList(int id) {
        return new NewsDaoImpl().finaNewsList(id);
    }
    public int updateNews(News news) {
        return new NewsDaoImpl().updateNews(news);
    }
    public List<News> Showlastnews(int pagesize) {
        return new NewsDaoImpl().Showlastnews(pagesize);
    }
    public List<News> showPic(int page, int pagesize) {
        return new NewsDaoImpl().showPic(page, pagesize);
    }
    public int updatePic(News news) {
        return new NewsDaoImpl().updatePic(news);
    }
    public List<News> findNewPic(int pagesize) {
```

```java
        return new NewsDaoImpl().findNewPic(pagesize);
    }
    public List<News> searchallnews(int page,int pagesize,String condition) {
        return new NewsDaoImpl().searchallnews(page, pagesize,condition);
    }
    public List<News> pageing(int page, int pagesize) {
        return new NewsDaoImpl().pageing(page, pagesize);
    }
}
```

2. 控制器（C）实现

与新闻管理模块相关的 Servlet 为 NewsServlet，在 web.xml 中进行清单 10-21 中的配置。

清单 10-21　web.xml 相关代码。

```xml
<servlet>
    <servlet-name>NewsServlet</servlet-name>
    <servlet-class>servlet.NewsServlet</servlet-class>
</servlet>
<servlet-mapping>
    <servlet-name>NewsServlet</servlet-name>
    <url-pattern>/news/NewsServlet</url-pattern>
</servlet-mapping>
```

清单 10-22　NewsServlet.java。

```java
package servlet;
import java.io.IOException;
import java.text.SimpleDateFormat;
import java.util.Date;
import javax.servlet.ServletException;
import javax.servlet.http.*;
import util.Page;
import com.jspsmart.upload.SmartUpload;
import biz.impl.NewsBizImpl;
import entity.*;
public class NewsServlet extends HttpServlet {
    public void doGet(HttpServletRequest request, HttpServletResponse response)
        throws ServletException, IOException {
        doPost(request, response);
    }
    public void doPost(HttpServletRequest request, HttpServletResponse response)
        throws ServletException, IOException {
        response.setContentType("text/html");
        request.setCharacterEncoding("utf-8");
        String action = request.getParameter("action");
        HttpSession session = request.getSession();               //创建HttpSession对象
        User users = (User) session.getAttribute("User");         //获得登入时用户的信息
        String department = users.getBranch();                    //获得系部
        String able = users.getAble();                            //获得权限
        if (action.equals("add")) {
            request.getRequestDispatcher("../news/news_add.jsp").forward(
                request, response);
        }
        if (action.equals("addnews")) { //增加新闻信息
```

```java
News news = new News();
SmartUpload newsimages = new SmartUpload();
newsimages.initialize(this.getServletConfig(), request, response);
try {
    newsimages.setCharset("utf-8");
    newsimages.setAllowedFilesList("jpg,jpeg,gif,png");
    newsimages
        .setDeniedFilesList("doc,pdf,txt,exe,bat,jsp,htm,html,xls,rar,ppt");
    newsimages.upload();    //上传图片到服务器
} catch (Exception e) {
    e.printStackTrace();
}
com.jspsmart.upload.File file = newsimages.getFiles().getFile(0);
String filepath = "newsupload\\";
filepath += file.getFileName();
try {
    file.saveAs(filepath, SmartUpload.SAVE_VIRTUAL);
    file.saveAs("D:\\" + filepath, SmartUpload.SAVE_PHYSICAL);
} catch (Exception e) {
    e.printStackTrace();
}
news.setContents(newsimages.getRequest().getParameter("contents"));    //获得新闻内容
news.setLb(newsimages.getRequest().getParameter("lb"));
news.setDepartment(newsimages.getRequest().getParameter("department"));    //获得发布部门
news.setTitle(newsimages.getRequest().getParameter("title"));
news.setInputtime(new SimpleDateFormat("yyyy年MM月dd日").format(new Date()));
news.setUpdatetime(new SimpleDateFormat("yyyy年MM月dd日").format(new Date()));
if (!file.isMissing()) {
    news.setPicname(file.getFileName());    //图片的名字
    news.setPicshow(0);
} else {
    news.setPicname("no");
}
int addnews = new NewsBizImpl().addNews(news);
if (addnews > 0) {
    request.getRequestDispatcher("NewsServlet?action=newslist")
        .forward(request, response);
} else {
    request.setAttribute("errmsg", "1");
    request.getRequestDispatcher("/error.jsp").forward(request,
        response);
}
}
if (action.equals("newslist")) { //显示新闻的信息
    String page = request.getParameter("page");
    int totalpages ;
    if(able.equals("0")){
        //每页显示5条记录的总页数
        totalpages= new Page().getTotalPages(new Page().getCount("news", ""), 5);
    }else{
        totalpages= new Page().getTotalPages(new Page().getCount("news",
            "WHERE department='"+department+"'"), 5);
```

```java
            }
            int currentpage = new Page().getcurrentpage(page, 5, "news");
            request.setAttribute("totalpage", totalpages);
            request.setAttribute("curpage", currentpage);
            if(able.equals("0")){
                request.setAttribute("newslist", new NewsBizImpl().searchallnews(currentpage, 5,""));
            }else{
                request.setAttribute("newslist",new NewsBizImpl().searchallnews(currentpage, 5," WHERE department='"+department+"'"));
            }
            request.getRequestDispatcher("../news/news_list.jsp").forward(
                request, response);
        }
        if (action.equals("deletenew")) { //删除新闻信息
            int id = Integer.parseInt(request.getParameter("id"));
            int result = new NewsBizImpl().deleteNew(id);
            if (result > 0) {
                request.getRequestDispatcher("NewsServlet?action=newslist")
                    .forward(request, response);
            } else {
                request.setAttribute("errmsg", "2");
                request.getRequestDispatcher("/error.jsp").forward(request,response);
            }
        }
        if (action.equals("modify")) { //通过id显示新闻的信息
            int id = Integer.parseInt(request.getParameter("id"));
            request.setAttribute("onenews", new NewsBizImpl().finaNewsList(id));
            request.getRequestDispatcher("../news/news_modify.jsp").forward(request, response);
        }
        if (action.equals("modifynews")) { //修改新闻的信息
            News news = new News();
            news.setContents(request.getParameter("contents"));
            news.setDepartment(request.getParameter("department"));
            news.setId(Integer.parseInt(request.getParameter("id")));
            news.setLb(request.getParameter("lb"));
            news.setTitle(request.getParameter("title"));
            news.setUpdatetime(new SimpleDateFormat("yyyy年MM月dd日").format(new Date()));
            int modifynews = new NewsBizImpl().updateNews(news);
            if (modifynews > 0) {
                request.getRequestDispatcher("NewsServlet?action=newslist").forward(request, response);
            } else {
                request.setAttribute("errmsg", "3");
                request.getRequestDispatcher("/error.jsp").forward(request,response);
            }
        }
        if (action.equals("newspic")) { //新闻图片的分页
            String page = request.getParameter("page");
            int totalpage = new Page().getTotalPages(new Page().getCount("news", ""), 5);
            int currentpage = new Page().getcurrentpage(page, 5, "news");
            request.setAttribute("newspiclist", new NewsBizImpl().showPic(currentpage, 5));
            request.setAttribute("totalpage", totalpage);
            request.setAttribute("cuurentpage", currentpage);
```

```
            request.getRequestDispatcher("../news/news_piclist.jsp").forward(request, response);
        }
        if (action.equals("focus")) { //给新闻图片设置焦点
            int sid = Integer.parseInt(request.getParameter("id"));
            News news = new NewsBizImpl().finaNewsList(sid);
            news.setId(sid);
            news.setPicshow(1);
            int update = new NewsBizImpl().updatePic(news);
            if (update > 0) {
                request.getRequestDispatcher("NewsServlet?action=newspic").forward(request, response);
            }
        }
        if (action.equals("upload")) { //下载新闻图片
            int id = Integer.parseInt(request.getParameter("id"));
            News news = new NewsBizImpl().finaNewsList(id);
            SmartUpload newsimage = new SmartUpload();
            newsimage.initialize(this.getServletConfig(), request, response);
            //设定ContentDisposition为null以禁止浏览器自动打开文件
    newsimage.setContentDisposition(null);
            String images = "/newsupload/" + news.getPicname();        //文件名（带路径）
            try {
                newsimage.setCharset("gb2312");
                newsimage.downloadFile(images);         //下载文件
            } catch (Exception e) {
                e.printStackTrace();
            }
            response.getOutputStream().close();
        }
    }
}
```

3. 视图（V）实现

下面来看同新闻管理模块相关的页面及代码。

（1）添加新闻。

清单 10-23　news_add.jsp 关键代码。

```
<form id="form1" name="form3" method="post"
action="../news/NewsServlet?action=addnews"
enctype="multipart/form-data" onsubmit="return check11()">
  <table class="form">
    <tr>
      <td class="field">新闻标题：</td>
      <td><input type="text" name="title" value="" /></td>
    </tr>
    ...
    <tr>
<td class="field">上传图片：</td>
      <td><input type="file" name="pic" value="" /></td>
    </tr>
    ...
    <tr>
```

```
                <td></td>
                <td><label class="ui-blue"><input type="submit" name="submit" value="添加"
                    /></label></td>
            </tr>
        </table>
</form>
```

页面显示效果如图10-14所示。

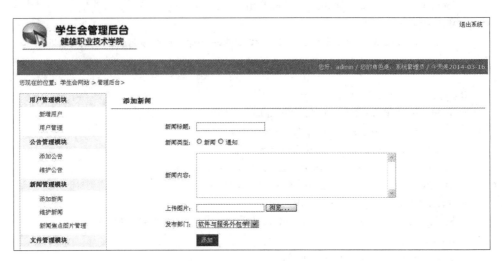

图10-14　添加新闻页面

（2）分页显示新闻。

清单10-24　news_list.jsp关键代码。

```
<h2>维护新闻<br/></h2>
    <div class="manage">
        <table class="list">
            <tr>
                <th>新闻标题</th>
                <th>新闻时间</th>
                <th>录入部门</th>
                <th>操作</th>
            </tr>
            <c:forEach items="${newslist}" var="news">
            <tr>
                <td class="c">${news.title }</td>
                <td class="c">${news.inputtime }</td>
                <td class="c">${news.department }</td>
                <td class="w1 c"><a href="../news/NewsServlet?action=modify&id=${news.id }">
                修改<br/></a><a href="../news/NewsServlet?action=deletenew&id=${news.id }"
                onclick='return confirm("确定要删除吗？ ")'>删除<br/></a><c:set var="show"
                value="${fn:contains(news.picname,'no')}"/><c:if test="${show==true}">没有图片
                </c:if><c:if test="${show!=true}"><a href="../news/NewsServlet?action= upload&id
                =${news.id }">下载图片</a></c:if></td>
            </tr>
            </c:forEach>
        </table>
        <div class="pager">
            <ul class="clearfix">
```

```
            <c:forEach var="i" begin="1" end="${totalpage}" step="1">
                <li><a href="../news/NewsServlet?action=newslist&page=${i}">${i}</a></li>
            </c:forEach>
        </ul>
    </div>
</div>
```

页面显示效果如图 10-15 所示。

图 10-15　新闻分页显示页面

（3）修改新闻。修改新闻页面代码略，页面显示效果如图 10-16 所示。

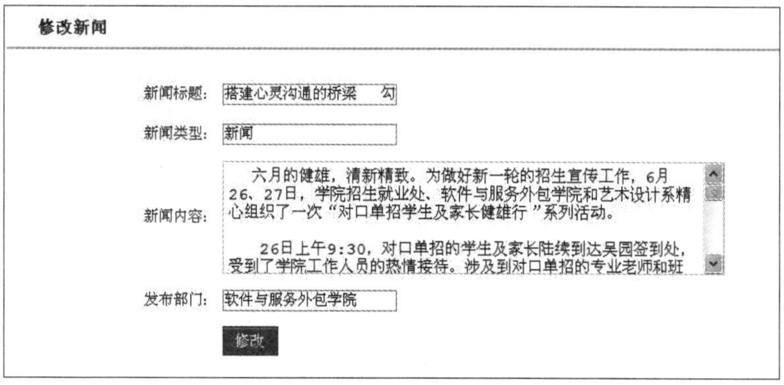

图 10-16　修改新闻页面

（4）新闻焦点图片管理。

清单 10-25　news_piclist.jsp。

```
<h2>新闻图片管理<br/></h2>
  <div class="manage">
  <table class="list">
      <tr>
          <th>新闻标题</th>
          <th>图片</th>
          <th>操作</th>
      </tr>
      <c:forEach items="${newspiclist}" var="news">
```

```html
            <tr>
                <td class="c">${news.title }</td>
                <td class="c"><img src="../newsupload/${news.picname}" width="50" height="50"></img></td>
                <td class="c"><c:set var="picshow" value="${fn:contains(news.picshow,'0')}"/>
                <c:if test="${picshow==true}"><a href="../news/NewsServlet?action=focus&id=${news.id}">是否设为焦点</a></c:if><c:if test="${picshow!=true}">已设焦点图片</c:if><br/></td>
            </tr>
        </c:forEach>
    </table>
    <div class="pager">
        <ul class="clearfix">
        <c:forEach var="i" begin="1" end="${totalpage}" step="1">
            <li><a href="../news/NewsServlet?action=newspic&page=${i}">${i}</a></li>
        </c:forEach>
        </ul>
    </div>
</div>
```

页面显示效果如图 10-17 所示。

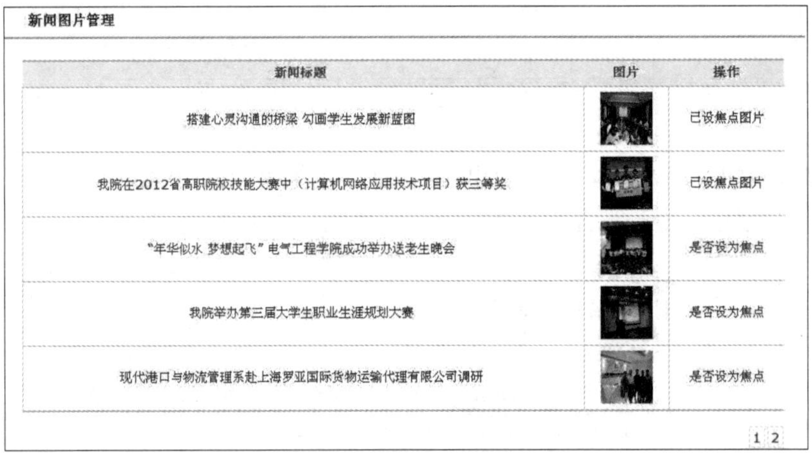

图 10-17 设置焦点图片页面

10.3.5 实训 使用 MVC 模式实现特色活动管理

训练要点：

- 在应用程序中使用 MVC 模式。
- 使用 Servlet 开发应用程序。

需求说明：特色活动管理模块具有添加活动信息和维护（删除、更新）活动信息功能，页面显示效果如图 10-18 至图 10-20 所示。

实现思路：

（1）开发模型：创建 VO 类，创建 DAO 接口及实现类，创建业务逻辑接口及实现类。

（2）开发控制器：创建 Servlet 作为控制器，调用模型，使用 HttpSession 存放查询结果，转向指定的视图。

（3）开发视图：图 10-18 至图 10-20 所示的页面，使用 EL 和 JSTL 显示信息。

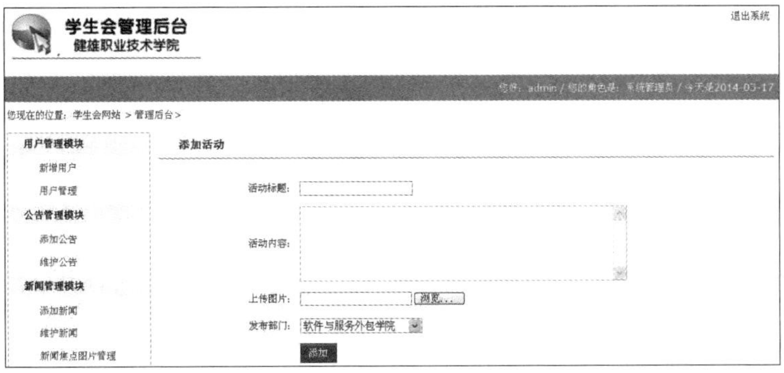

图 10-18 添加活动页面

图 10-19 维护活动页面

图 10-20 修改页面

10.3.6 文件管理模块实现

文件管理模块具有添加文件和维护文件（删除文件、下载文件）功能，页面显示效果如图 10-21 和图 10-22 所示。

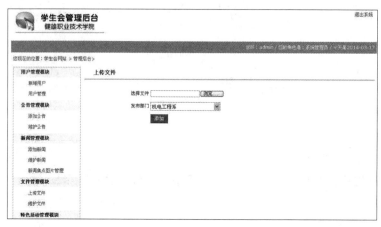

图 10-21　添加文件页面

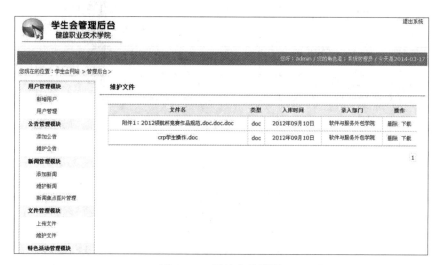

图 10-22　维护文件页面

1. 模型（M）实现

（1）创建文件 VO 类。

文件 VO 类包括文件 id、文件名称、文件类型、添加时间和发布部门。代码省略。

（2）DAO 接口及实现类。

清单 10-26　FileDao.java。

```
package dao;
import java.util.List;
import entity.File;
public interface FileDao {
    public List<File> findFileList();                               //查询所有文件信息
    public int addFile(File file);                                  //增加一条文件记录
    public File findOneFile(int fileid);                            //查询某文件信息
    public int deleteFile(int fileid);                              //删除文件信息
    public List<File> pagingFile(int page,int pagesize,String condition);   //分页查询
```

```java
    public List<File> pagingFiles(int page,int pagesize);        //前台分页查询
}
```

清单 10-27　FileDaoImpl.java。

```java
package dao.impl;
import java.sql.*;
import java.util.*;
import dao.*;
import entity.File;
public class FileDaoImpl implements FileDao {
    Connection conn=null;
    PreparedStatement pstmt=null;
    ResultSet rs=null;
    public int addFile(File file) {//增加文件信息
        int add=0;
        String sql="INSERT INTO file(filename,fileext,inputtime,department)VALUES(?,?,?,?)";
        String param []={file.getFilename(),file.getFileext(),file.getInputtime(),file.getDepartment()};
        add=BaseDao.executeSQL(sql,param);
        return add;
    }
    public int deleteFile(int fileid) {//删除文件
        int delete=0;
        String sql="delete from file where fileid=?";
        String param []={Integer.toString(fileid)};
        delete=BaseDao.executeSQL(sql, param);
        return delete;
    }
    public List<File> findFileList() {//查看文件的信息
        List<File> list=new ArrayList<File>();
        String sql="SELECT * FROM file ORDER BY inputtime DESC";
        try {
            conn=BaseDao.getConn();
            pstmt=conn.prepareStatement(sql);
            rs=pstmt.executeQuery();
            while(rs.next()){
                File  file=new File();
                file.setDepartment(rs.getString("department"));
                file.setFileext(rs.getString("fileext"));
                file.setFileid(rs.getInt("fileid"));
                file.setFilename(rs.getString("filename"));
                file.setInputtime(rs.getString("inputtime"));
                list.add(file);
            }
        } catch (ClassNotFoundException e) {
            e.printStackTrace();
        } catch (SQLException e) {
            e.printStackTrace();
        }finally{
            BaseDao.closeAll(conn, pstmt, rs);
        }
        return list;
    }
    public File findOneFile(int fileid) {//通过id查询文件的信息
```

```java
        File file=new File();
        String sql="SELECT * FROM file WHERE fileid=?";
        try {
            conn=BaseDao.getConn();
            pstmt=conn.prepareStatement(sql);
            pstmt.setInt(1,fileid);
            rs=pstmt.executeQuery();
            if(rs.next()){
                file.setDepartment(rs.getString("department"));
                file.setFileext(rs.getString("fileext"));
                file.setFileid(rs.getInt("fileid"));
                file.setFilename(rs.getString("filename"));
                file.setInputtime(rs.getString("inputtime"));
            }
        } catch (ClassNotFoundException e) {
            e.printStackTrace();
        } catch (SQLException e) {
            e.printStackTrace();
        }finally{
            BaseDao.closeAll(conn, pstmt, rs);
        }
        return file;
    }
    public List<File> pagingFile(int page,int pagesize,String condition) {//分页查询
        List<File> list=new ArrayList<File>();
        int rowBegin=0;
        if(page>1){
            rowBegin=pagesize * (page-1);}
        try {
            conn=BaseDao.getConn();    //连接数据库
            String sql="SELECT * FROM file "+condition+" ORDER BY inputtime DESC LIMIT "+rowBegin+", "+pagesize;
            pstmt=conn.prepareStatement(sql);
            rs=pstmt.executeQuery();
            while(rs.next()){
                File file=new File();
                file.setDepartment(rs.getString("department"));
                file.setFileext(rs.getString("fileext"));
                file.setFileid(rs.getInt("fileid"));
                file.setFilename(rs.getString("filename"));
                file.setInputtime(rs.getString("inputtime"));
                list.add(file);
            }
        } catch (ClassNotFoundException e) {
            e.printStackTrace();
        } catch (SQLException e) {
            e.printStackTrace();
        }finally{
            BaseDao.closeAll(conn, pstmt, rs);
        }
        return list;
    }
```

```java
public List<File> pagingFiles(int page, int pagesize) {List<File> list=new ArrayList<File>();
    int rowBegin=0;
    if(page>1){
        rowBegin=pagesize * (page-1);    //按页数取得开始行数，设每页可以显示pagesize条
    }
    String sql="SELECT* FROM file ORDER BY inputtime DESC LIMIT "+rowBegin+","+pagesize;
    try {
        conn=BaseDao.getConn();
        pstmt=conn.prepareStatement(sql);
        rs=pstmt.executeQuery();
        while(rs.next()){
            File file=new File();
            file.setDepartment(rs.getString("department"));
            file.setFileext(rs.getString("fileext"));
            file.setFileid(rs.getInt("fileid"));
            file.setFilename(rs.getString("filename"));
            file.setInputtime(rs.getString("inputtime"));
            list.add(file);
        }
    } catch (ClassNotFoundException e) {
        e.printStackTrace();
    } catch (SQLException e) {
        e.printStackTrace();
    }finally{
        BaseDao.closeAll(conn, pstmt, rs);
    }
    return list;
  }
}
```

（3）业务逻辑接口及实现类。

清单 10-28　FileBiz.java。

```java
package biz;
import java.util.List;
import entity.File;
public interface FileBiz {
    public List<File> findFileList();              //查询所有文件信息
    public int addFile(File file);                 //增加一条文件记录
    public File findOneFile(int fileid);           //查询某文件信息
    public int deleteFile(int fileid);             //删除文件信息
    public List<File> pagingFile(int page,int pagesize,String condition);    //分页查询
    public List<File> pagingFiles(int page,int pagesize);         //前台分页查询
}
```

清单 10-29　FileBizImpl.java。

```java
package biz.impl;
import java.util.List;
import dao.impl.FileDaoImpl;
import entity.File;
import biz.FileBiz;
public class FileBizImpl implements FileBiz {
    public int addFile(File file) {
        returnnew FileDaoImpl().addFile(file);
```

```java
    }
    public int deleteFile(int fileid) {
        return new FileDaoImpl().deleteFile(fileid);
    }
    public List<File> findFileList() {
        return new FileDaoImpl().findFileList();
    }
    public File findOneFile(int fileid) {
        return new FileDaoImpl().findOneFile(fileid);
    }
    public List<File> pagingFile(int page,int pagesize,String condition) {
        return new FileDaoImpl().pagingFile(page, pagesize,condition);
    }
    public List<File> pagingFiles(int page, int pagesize) {
        return new FileDaoImpl().pagingFiles(page, pagesize);
    }
}
```

2. 控制器（C）实现

与文件管理模块相关的 Servlet 为 FileServlet，在 web.xml 中进行清单 10-30 中的配置。

清单 10-30　web.xml 相关代码。

```xml
<servlet>
    <servlet-name>FileServlet</servlet-name>
    <servlet-class>servlet.FileServlet</servlet-class>
</servlet>
<servlet-mapping>
    <servlet-name>FileServlet</servlet-name>
    <url-pattern>/file/FileServlet</url-pattern>
</servlet-mapping>
```

清单 10-31　FileServlet.java。

```java
package servlet;
import java.io.IOException;
import java.io.PrintWriter;
import java.text.SimpleDateFormat;
import java.util.Date;
import javax.servlet.ServletException;
import javax.servlet.http.*;
import util.Page;
import biz.impl.FileBizImpl;
import biz.impl.NewsBizImpl;
import com.jspsmart.upload.SmartUpload;
import entity.*;
public class FileServlet extends HttpServlet {
    public void doGet(HttpServletRequest request, HttpServletResponse response)
    throws ServletException, IOException {
        doPost(request, response);
    }
    public void doPost(HttpServletRequest request, HttpServletResponse response)
    throws ServletException, IOException {
        request.setCharacterEncoding("utf-8");
        String action=request.getParameter("action");
```

```java
HttpSession session=request.getSession();
User users=(User)session.getAttribute("User");
String department=users.getBranch();
String able=users.getAble();
if(action.equals("upload")){
    File file=new File();
    SmartUpload mySmartUpload = new SmartUpload();
    mySmartUpload.initialize(this.getServletConfig(), request, response);
    try{
        mySmartUpload.setCharset("utf-8");
        mySmartUpload.upload();         //上传文件到服务器
    }catch (Exception e) {
        e.printStackTrace();
    }
    com.jspsmart.upload.File file2 = mySmartUpload.getFiles().getFile(0);
    String filepath = "fileupload\\";
    filepath += file2.getFileName();
    try {
        file2.saveAs(filepath, SmartUpload.SAVE_VIRTUAL);
        file2.saveAs("D:\\"+filepath, SmartUpload.SAVE_PHYSICAL);
    } catch (Exception e) {
        e.printStackTrace();
    }
    file.setFilename(file2.getFileName());
    file.setFileext(file2.getFileExt());
    file.setInputtime(new SimpleDateFormat("yyyy年MM月dd日").format(new Date()));
    file.setDepartment(mySmartUpload.getRequest().getParameter("department"));
    int addfile=new FileBizImpl().addFile(file);
    if(addfile>0){
        request.getRequestDispatcher("FileServlet?action=filelist").forward(request, response);
    }
}
else if(action.equals("filelist")){
    String page=request.getParameter("page");
    int totalpages;
    if(able.equals("0")){
        totalpages=new Page().getTotalPages(new Page().getCount("file", ""), 5);
    }else{
        totalpages= new Page().getTotalPages(new Page().getCount("file", "where department=
            '"+department+"'"), 5);
    }
    int currentpage=new Page().getcurrentpage(page, 5, "file");
    request.setAttribute("totalpages", totalpages);
    request.setAttribute("curpage", currentpage);
    if(able.equals("0")){
        request.setAttribute("filelist", new FileBizImpl().pagingFile(currentpage, 5,""));
    }else{
        request.setAttribute("filelist", new FileBizImpl().pagingFile(currentpage, 5," where
            department='"+department+"'"));
    }
    request.getRequestDispatcher("./file_list.jsp").forward(request, response);
}
```

```java
        else if(action.equals("deletefile")){
            int id=Integer.parseInt(request.getParameter("id"));
            int deletefile=new FileBizImpl().deleteFile(id);
            if(deletefile>0){
                request.getRequestDispatcher("FileServlet?action=filelist").forward(request, response);
            }
        }
        else if(action.equals("uploadfile")){//下载文件
            int fileid=Integer.parseInt(request.getParameter("id"));
            File file=new FileBizImpl().findOneFile(fileid);
            String filename=file.getFilename();
            SmartUpload uploadfile = new SmartUpload();
            uploadfile.initialize(this.getServletConfig(), request, response);
            //设定ContentDisposition为null以禁止浏览器自动打开文件
            uploadfile.setContentDisposition(null);
            String fileName="/fileupload/"+filename;   //文件名（带路径）
            System.out.println(fileName);
            try{
                uploadfile.setCharset("gb2312");
                uploadfile.downloadFile(fileName);   //下载文件
            }catch(Exception e){
                e.printStackTrace();
            }
            response.getOutputStream().close();
        }else if(action.equals("add")){
            request.getRequestDispatcher("./file_add.jsp").forward(request, response);
        }
    }
}
```

3. 视图（V）实现

下面来看同文件管理模块相关的页面代码。

（1）添加文件。

添加文件页面如图 10-21 所示，关键代码见清单 10-32。

清单 10-32　file_add.jsp 关键代码。

```html
<form id="form1" name="form3" method="post" action="../file/FileServlet?action=upload" enctype=
"multipart/form-data" onsubmit="return check11()">
  <table class="form">
  <tr>
  <td class="field">选择文件</td>
  <td><input type="file" name="file"/></td>
  </tr>
  <!--省略部分代码-->
    <tr>
      <td></td>
      <td><label class="ui-blue"><input type="submit" name="submit" value="添加"
      /></label></td>
    </tr>
  </table>
</form>
```

（2）维护文件。维护文件页面如图 10-22 所示，关键代码见清单 10-33。

清单 10-33　file_list.jsp 关键代码

```
<table class="list">
  <tr>
    <th>文件名</th>
    <th>类型</th>
    <th>入库时间</th>
    <th>录入部门</th>
    <th>操作</th>
  </tr>
<c:forEach items="${filelist}" var="file">
  <tr>
    <td class="c">${file.filename}</td>
    <td class="c">${file.fileext}</td>
    <td class="c">${file.inputtime}</td>
    <td class="c">${file.department}</td>
    <td class="w1 c"><a href="./FileServlet?action=deletefile&id=${file.fileid }" onclick='return confirm("确定要删除吗？")'>删除</a>  <a href="./FileServlet?action=uploadfile&id=${file.fileid }" onclick='return confirm("确定要下载吗？")'>下载</a></td>
  </tr>
</c:forEach>
</table>
<div class="pager">
  <ul class="clearfix">
  <c:forEach var="i" begin="1" end="${totalpages}" step="1">
    <li><a href="./FileServlet?action=filelist&page=${i}">${i}</a></li>
  </c:forEach>
  </ul>
</div>
```

10.3.7　实训　使用 MVC 模式实现荣誉管理

训练要点：

● 在应用程序中使用 MVC 模式。

● 使用 Servlet 开发应用程序。

需求说明：荣誉管理模块具有添加荣誉和维护（删除）荣誉功能，页面显示效果如图 10-23 和图 10-24 所示。

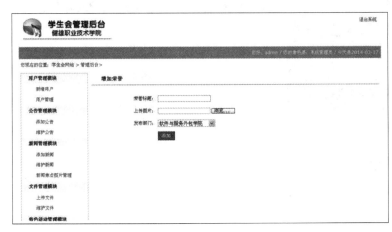

图 10-23　添加荣誉页面

图 10-24　维护荣誉页面

实现思路：

（1）开发模型：创建 VO 类，创建 DAO 接口及实现类，创建业务逻辑接口及实现类。

（2）开发控制器：创建 Servlet 作为控制器，调用模型，使用 HttpSession 存放查询结果，转向指定的视图。

（3）开发视图：图 10-23 和图 10-24 所示的页面，使用 EL 和 JSTL 显示信息。

10.4　网站前台信息展示实现

网站前台具有信息展示功能，学生用户通过网站前台能浏览网站后台发布的新闻、公告、荣誉、特色活动和勤工俭学信息并可以下载文件。网站首页如图 10-25 所示。

图 10-25　学生会网站首页

点击首页中的导航能进入各分支页，以新闻中心为例，分支页如图 10-26 所示，在分支页中点击新闻标题能够进入新闻详细页，如图 10-27 所示。

图 10-26　新闻中心分支页

图 10-27　新闻详细页

下面以网站首页、新闻中心分支页和新闻详细页为例进行代码实现。

10.4.1　网站首页实现

模型（M）部分在网站管理各功能模块的模型部分均已实现，下面详细展示首页控制器——HomeServlet 的实现。在 URL 中通过 /Home 的方式访问 HomeServlet.java。

清单 10-34　HomeServlet.java。

```
package home.servlet;
import java.io.IOException;
import javax.servlet.ServletException;
import javax.servlet.http.*;
import biz.impl.*;
```

```java
public class HomeServlet extends HttpServlet {
    public void doGet(HttpServletRequest request, HttpServletResponse response)
    throws ServletException, IOException {
        doPost(request, response);
    }
    public void doPost(HttpServletRequest request, HttpServletResponse response)
    throws ServletException, IOException {
        request.setCharacterEncoding("utf-8");
        request.setAttribute("news",new NewsBizImpl().Showlastnews(9));      //首页显示10条新闻记录
        request.setAttribute("honor",new HonorBizImpl().showHonor(11));      //首页显示10条荣誉记录
        request.setAttribute("activity",new ActivityBizImpl().showActivity(11));  //首页显示10条特色
                                                                                  //活动信息
        request.setAttribute("workstudy",new WorkstudyBizImpl().showWork(11));    //首页显示10条勤工
                                                                                  //俭学信息
        request.setAttribute("notice",new NoticeBizImpl().showlastNotice(11));    //首页显示10条公告信息
        request.setAttribute("newsimage",new NewsBizImpl().findNewPic(5));        //显示图片信息
        request.getRequestDispatcher("/index.jsp").forward(request, response);
    }
}
```

下面是图10-25所示页面的代码。

清单10-35　index.jsp关键代码。

```html
<!--导航菜单-->
<div class="mainmenu">
    <a href="Home" class="aero"><span>网站首页</span></a>
    <a href="branch/BranchServlet?action=news" class="aero"><span>新闻中心</span></a>
    <a href="branch/BranchServlet?action=upload" class="aero"><span>下载专区</span></a>
    <a href="branch/BranchServlet?action=activity" class="aero"><span>特色活动</span></a>
    <a href="branch/BranchServlet?action=workstudy" class="aero"><span>勤工俭学</span></a>
    <a href="branch/BranchServlet?action=honor" class="aero"><span>荣誉奖励</span></a>
    <a href="http://www.wjxvtc.cn/" class="aero"><span>学院网站</span></a>
</div>
<!--公告版块-->
<div class="right r bor notice">
<h3><span>通知公告</span></h3>
<ul>
    <c:forEach items="${notice}" var="notice">
<li><a href="./show/ShowServlet?action=notice&id=${notice.id}" target="_blank">${notice.title}
</a></li>
</c:forEach>
</ul>
</div>
<!--新闻版块-->
<div class="news r bor">
<h2>厚德载物、积健为雄</h2>
    <c:forEach items="${news}" var="news">
<ul>
<li><img src="images/point.gif">  <a href="./show/ShowServlet?action=newsaction&id
    =${news.id}" target="_blank">${news.title}</a></li>
</ul>
</c:forEach>
</div>
```

```html
<!--图片版块-->
<div class="l photo">
  <div id="ibanner">
      <div id="ibanner_pic">
      <c:forEach items="${newsimage}" var="news">
        <a href="./show/ShowServlet?action=newsaction&id=${news.id}" target="_blank"><img
        src="newsupload/${news.picname}" alt ="${news.title}" width="275px" height=
        "218px"/></a>
      </c:forEach>
      </div>
    </div>
</div>
<!--勤工俭学版块-->
<div class="right r bor martop right2" title="">
<h3><a href="./branch/BranchServlet?action=workstudy" target="_blank" class="more">更多
 &gt;</a><span>勤工俭学</span></h3>
<ul>
<c:forEach items="${workstudy}" var="workstudy">
<li><a href="./show/ShowServlet?action=workaction&id=${workstudy.id}" target=
"_blank">${workstudy.title}</a></li>
</c:forEach>
</ul>
</div>
<!--荣誉、活动版块-->
<div class="newshot bor martop l">
<div>
<dl>
<dt><a href="./branch/BranchServlet?action=honor" target="_blank" class="more">更多
 &gt;</a><strong><b>荣誉奖励</b></strong></dt>
<c:forEach items="${honor}" var="honor">
<dd><img src="images/c3.gif">  <a href="./show/ShowServlet?action=
    honoraction&id=${honor.id}" target="_blank">${honor.title}</a></dd>
</c:forEach>
</dl>
<dl>
<dt><a href="./branch/BranchServlet?action=activity" target="_blank" class="more">更多
 &gt;</a><strong><b>特色活动</b></strong></dt>
<c:forEach items="${activity}" var="activity">
<dd><img src="images/c3.gif">  <a href="./show/ShowServlet?action=
    activityaction&id=${activity.id}" target="_blank">${activity.title}</a></dd>
</c:forEach>
</dl>
</div></div>
```

10.4.2 分支页实现

网站分支页通过控制器 BranchServlet 接收客户端请求，调用模型获得并存储数据，转向分支页显示数据列表。在 URL 中通过 /branch/BranchServlet 访问控制器 BranchServlet。

清单 10-36　BranchServlet.java。

```java
package servlet.branch;
import java.io.*;
```

```java
import javax.servlet.ServletException;
import javax.servlet.http.*;
import biz.impl.*;
import util.Page;
public class BranchServlet extends HttpServlet {
    public void doGet(HttpServletRequest request, HttpServletResponse response) throws ServletException, IOException {
        doPost(request, response);
    }
    public void doPost(HttpServletRequest request, HttpServletResponse response) throws ServletException, IOException {
        request.setCharacterEncoding("utf-8");
        String action=request.getParameter("action");
        if(action.equals("news")){//显示新闻
            String page=request.getParameter("page");
            //每页显示5条记录的总页数
            int totalpages = new Page().getTotalPages(new Page().getCount("news", ""), 8);
            int currentpage = new Page().getcurrentpage(page, 8, "news");
            request.setAttribute("totalpage", totalpages);
            request.setAttribute("curpage", currentpage);
            request.setAttribute("newslist",new NewsBizImpl().pageing(currentpage, 8));
            request.setAttribute("notice",new NoticeBizImpl().showlastNotice(7));
            request.getRequestDispatcher("../branch/news.jsp").forward(request, response);
        }else if(action.equals("upload")){//资源下载
            String page=request.getParameter("page");
            int totalpages=new Page().getTotalPages(new Page().getCount("file", ""), 8);
            int currentpage=new Page().getcurrentpage(page, 8, "file");
            request.setAttribute("totalpages", totalpages);
            request.setAttribute("curpage", currentpage);
            request.setAttribute("filelist", new FileBizImpl().pagingFiles(currentpage, 8));
            request.setAttribute("notice",new NoticeBizImpl().showlastNotice(7));
            request.getRequestDispatcher("../branch/upload.jsp").forward(request, response);
        }else if(action.equals("activity")){//特色活动
            String page = request.getParameter("page");
            //每页显示5条记录的总页数
            int totalpage = new Page().getTotalPages(new Page().getCount("activity", ""), 8);
            int currentpage = new Page().getcurrentpage(page, 8, "activity");
            request.setAttribute("totalpage", totalpage);
            request.setAttribute("curpage", currentpage);
            request.setAttribute("activitylist",new ActivityBizImpl().pagingActivitys(currentpage, 8));
            request.setAttribute("notice",new NoticeBizImpl().showlastNotice(7));
            request.setAttribute("activity",new ActivityBizImpl().showActivity());
            request.getRequestDispatcher("../branch/activity.jsp").forward(request, response);
        }else if(action.equals("workstudy")){//勤工俭学
            String page=request.getParameter("page");
            int totalpage=new Page().getTotalPages(new Page().getCount("workstudy", ""), 8);
            int currentpage=new Page().getcurrentpage(page, 8, "workstudy");
            request.setAttribute("totalpage", totalpage);
            request.setAttribute("curpage", currentpage);
            request.setAttribute("workstudylist",new WorkstudyBizImpl().PagingWork(currentpage, 8));
            request.setAttribute("work",new WorkstudyBizImpl().WorkShow());
            request.setAttribute("notice",new NoticeBizImpl().showlastNotice(7));
```

```java
            request.getRequestDispatcher("../branch/workstudy.jsp").forward(request, response);
        }else if(action.equals("honor")){//荣誉奖励
            String page = request.getParameter("page");
            //每页显示5条记录的总页数
            int totalpages = new Page().getTotalPages(new Page().getCount("honor", ""), 8);
            int currentpage = new Page().getcurrentpage(page, 8, "honor");
            request.setAttribute("totalepage",totalpages);
            request.setAttribute("currentpage",currentpage);
            request.setAttribute("honorlist", new HonorBizImpl().pagings(currentpage, 8));
            request.setAttribute("notice",new NoticeBizImpl().showlastNotice(7));
            request.setAttribute("honor", new HonorBizImpl().findHonorShow());
            request.getRequestDispatcher("../branch/honor.jsp").forward(request, response);
        }
    }
}
```

下面是新闻分支页面（图 10-26）的代码。

清单 10-37   news.jsp 关键代码。

```html
<div class="container_top">
  <strong>|新闻动态|</strong>
  <ul>
    <c:forEach items="${newslist}" var="news">
      <li>
        <img src="../images/hh.gif">
           
        <span>${news.inputtime}</span><a
href="../show/ShowServlet?action=newsaction&id=${news.id}">${news.title}</a>
      </li>
    </c:forEach>
  </ul>
</div>
```

该网站其他分支页的实现方法同新闻分支页类似，这里不再罗列。

10.4.3　详细页实现

网站详细页通过控制器 ShowServlet 接收客户端请求，调用模型获得并存储数据，转向详细页显示详细数据。在 URL 中通过 /show/ShowServlet 访问控制器 ShowServlet。

清单 10-38   ShowServlet.java。

```java
package servlet.branch;
import java.io.*;
import javax.servlet.ServletException;
import javax.servlet.http.*;
import com.jspsmart.upload.SmartUpload;
import entity.File;
import biz.impl.*;
public class ShowServlet extends HttpServlet {
    public void doGet(HttpServletRequest request, HttpServletResponse response)
        throws ServletException, IOException {
        doPost(request, response);
    }
    public void doPost(HttpServletRequest request, HttpServletResponse response)
```

```java
    throws ServletException, IOException {
    request.setCharacterEncoding("utf-8");
    String action=request.getParameter("action");
    if(action.equals("newsaction")){//具体显示新闻信息
        int sid=Integer.parseInt(request.getParameter("id"));    //获得id
        request.setAttribute("news",new NewsBizImpl().finaNewsList(sid));
        request.getRequestDispatcher("../branch/newsshow.jsp").forward(request, response);
    }else if(action.equals("activityaction")){//具体显示特色活动
        int sid=Integer.parseInt(request.getParameter("id"));
        request.setAttribute("activity",new ActivityBizImpl().findActivityList(sid));
        request.getRequestDispatcher("../branch/activityshow.jsp").forward(request, response);
    }else if(action.equals("uploadaction")){//具体显示下载
        int sid=Integer.parseInt(request.getParameter("id"));
        request.setAttribute("upload",new FileBizImpl().findOneFile(sid));
        request.getRequestDispatcher("../branch/uploadshow.jsp").forward(request, response);
    }else if(action.equals("honoraction")){//具体显示荣誉
        int sid=Integer.parseInt(request.getParameter("id"));
        request.setAttribute("honor",new HonorBizImpl().findHonoe(sid));
        request.getRequestDispatcher("../branch/honorshow.jsp").forward(request, response);
    }else if(action.equals("workaction")){
        int sid=Integer.parseInt(request.getParameter("id"));
        request.setAttribute("work",new WorkstudyBizImpl().findWorkstudy(sid));
        request.getRequestDispatcher("../branch/workstudyshow.jsp").forward(request, response);
    }else if(action.equals("upload")){
        int sid=Integer.parseInt(request.getParameter("id"));
        File file2=new FileBizImpl().findOneFile(sid);
        SmartUpload fileupload = new SmartUpload();
        fileupload.initialize(this.getServletConfig(), request, response);
        fileupload.setContentDisposition(null);
        String images="./fileupload/"+file2.getFilename();    //文件名（带路径）
        try{
            fileupload.setCharset("gb2312");
            fileupload.downloadFile(images);    //下载文件
        }catch(Exception e){
            e.printStackTrace();
        }
        response.getOutputStream().close();
    }else if(action.equals("notice")){
        int sid=Integer.parseInt(request.getParameter("id"));
        request.setAttribute("notice",new NoticeBizImpl().findNotice(sid));
        request.getRequestDispatcher("../branch/noticeshow.jsp").forward(request, response);
    }
  }
}
```

下面是图10-27所示新闻详细页面的代码实现。

清单10-39　newsshow.jsp关键代码。

```
<div class="container_top">
    <strong>${news.title }</strong>
  </div>
  <div class="container_above">
    <div class="xix">
```

```
        发布部门：
          <em>${news.department }</em>   发布日期：
          <em>${news.inputtime }</em>
        </div>
    </div>
    <div class="container_middle">
          ${news.contents }
      <p>
        <c:set var="picshow" value="${fn:contains(news.picname,'no')}" />
        <c:if test="${picshow==true}"></c:if>
        <c:if test="${picshow!=true}">
            <img src="../newsupload/${news.picname}" width="400px"></img>
        </c:if>
      </p>
    </div>
```

该网站其他详细页的实现方法同新闻详细页类似，这里不再罗列。

10.5 代码测试与发布

10.5.1 测试用例

开发人员要对自己编写的代码负责：不仅要保证代码能通过编译、正常地运行，而且要满足需求和设计预期的效果。单元测试正是验证代码行为是否满足预期的有效手段之一。JUnit 非常小巧，功能却非常强大，而且源代码开放。JUnit 大大降低了开发人员执行单元测试的难度。

以公告管理测试为例进行单元测试，具体步骤如下：

（1）右击 NoticeDaoImpl.java，新建 JUnit Test Case，在项目 Libraries 中加入包 JUnit，选择要测试的方法。

（2）在得到的 NoticeDaoImplTest.java 文件中加入相应的测试代码。

（3）运行测试代码，如果使用数据和操作流程返回的结果都没有出错，则代表 JUnit 单元测试已完成；如果有问题则修改代码，直到全部符合预期结果为止。

10.5.2 代码发布

在 Web 上发布项目的步骤如下：

（1）打开 MyEclipse 导入本项目（union）。
（2）还原数据库。
（3）配置 Tomcat 服务器。
（4）部署项目。
（5）启动 Tomcat 服务器。
（6）运行项目，在浏览器的地址栏中输入 http://localhost:8080/union/Home。

习题十

使用 EL 和 JSTL 实现学生会网站前台其余分支页及详细页的代码，页面效果如图 10-28 至图 10-33 所示。

图 10-28　资源共享分支页

图 10-29　特色活动分支页

图 10-30　特色活动详细页

图 10-31　勤工俭学分支页

图 10-32　荣誉奖励分支页

图 10-33　荣誉奖励详细页

参考文献

[1] 金静梅. JSP Web 开发技术任务驱动式教程 [M]. 北京：中国水利水电出版社，2014.

[2] 北京阿博泰克北大青鸟信息技术有限公司. 使用 JSP 开发 Web 应用系统 [M]. 北京：科学技术文献出版社，2008.

[3] 北京阿博泰克北大青鸟信息技术有限公司，职业教育研究院. 使用 JSP/Servlet/Ajax 技术开发新闻发布系统 [M]. 北京：科学技术文献出版社，2011.

[4] 吴鹏. 动态网页设计（JSP）[M]. 北京：高等教育出版社，2011.

[5] 范芸，范慧霞. JSP 动态网站开发基础与上机指导 [M]. 北京：清华大学出版社，2010.

[6] 蒋卫祥，鲁来凤. JSP 程序设计 [M]. 上海：东华大学出版社，2013.

[7] 金静梅."项目贯穿、任务驱动、阶段模块化"的程序设计类课程整体设计——以 JSP 动态 Web 开发技术课程为例 [J]. 常州信息职业技术学院学报. 2012，11（3）：47-51.

[8] 金静梅. FusionCharts 在 Struts 2 中的应用 [J]. 江苏建筑职业技术学院学报. 2012，12(4)：13-16.

[9] 黑马程序员. Java Web 程序设计任务教程 [M]. 北京：人民邮电出版社，2017.

[10] 王小宁，张广彬，尚新生. JSP 课程设计案例精编 [M]. 2 版. 北京：清华大学出版社，2011.

[11] 福塔（Ben Forta），刘晓霞，钟鸣. MySQL 必知必会 [M]. 北京：人民邮电出版社，2009.

[12] 郑阿奇. MySQL 实用教程 [M]. 北京：电子工业出版社，2012.

[13] 肖睿，喻晓路. Java Web 应用设计及实战 [M]. 北京：人民邮电出版社，2018.